电力用油、气分析检验人员系列培训教材

电力用油、气

分析检验化学基础

主　编	罗运柏		
副主编	孟玉婵	王应高	李烨峰
参　编	唐　彬	万　涛	明菊兰
	钱艺华	杨正兴	刘奕奕
审　稿	薛辰东	曹杰玉	刘永洛
	郑东升	姚　强	袁　平
	张广文	卢　勇	祁　炯

中国电力出版社
CHINA ELECTRIC POWER PRESS

内 容 提 要

《电力用油、气分析检验化学基础》根据电力行业电力用油、气分析检验人员考核委员会培训教材编写任务书的要求编写而成，是电力用油、气分析检验人员系列培训教材之一。本书包括三章，分别为：油、气分析检验实验室基本知识，油、气分析检验基本操作和误差基本知识及数据处理。

本书可作为电力用油、气分析检验人员的专业岗位培训教材和自学参考书，也可作为大专院校电厂化学专业师生的教学参考书。

图书在版编目（CIP）数据

电力用油、气分析检验化学基础/电力行业电力用油、气分析检验人员考核委员会，西安热工研究院有限公司编著. —北京：中国电力出版社，2018.12（2024.6重印）
电力用油、气分析检验人员系列培训教材
ISBN 978-7-5198-2731-1

Ⅰ.①电… Ⅱ.①电… ②西… Ⅲ.①电力系统—润滑油—技术培训—教材 ②电力系统—液体绝缘材料—技术培训—教材 ③电力系统—气体绝缘材料—技术培训—教材 Ⅳ.①TE626.3

中国版本图书馆 CIP 数据核字（2018）第 273473 号

出版发行：中国电力出版社
地　　址：北京市东城区北京站西街 19 号（邮政编码 100005）
网　　址：http：//www. cepp. sgcc. com. cn
责任编辑：赵鸣志（010—63412385）
责任校对：朱丽芳
装帧设计：赵丽媛
责任印制：吴　迪

印　　刷：三河市航远印刷有限公司
版　　次：2018 年 12 月第一版
印　　次：2024 年 6 月北京第五次印刷
开　　本：787 毫米×1092 毫米　16 开本
印　　张：7
字　　数：106 千字
印　　数：9501—10500 册
定　　价：80.00 元

编　委　会

电力行业电力用油、气分析检验人员考核委员会（以下简称考委会）主要负责全国电力系统有关电力用油、六氟化硫和色谱分析人员的专业知识培训与资格考核发证工作，为电力系统培训和考评了大量油气检测专业技术人员，为电力行业电力用油、气监督工作起到积极作用。

原版培训教材已使用多年，其内容已不能满足目前电力行业的需求，考委会决定对培训教材进行修订。根据考委会的商定和安排，确定将电力用油、气分析检验化学基础知识部分单独编写成书，以加强对分析检验人员的化学基础知识培训，也避免了各专业知识培训内容中化学基础知识部分的重复。

本书第一章由广西电网有限责任公司电力科学研究院唐彬编写，第二章第一至四节分别由国网浙江省电力有限公司电力科学研究院明菊兰、广东电网有限责任公司电力科学研究院钱艺华、广东电网有限责任公司阳江供电局杨正兴和国网湖南省电力有限公司电力科学研究院刘奕奕编写，第三章由国网湖南省电力有限公司电力科学研究院万涛编写，全书由武汉大学罗运柏整理定稿。

西安热工研究院有限公司孟玉蝉和李烨峰为本书的编写提供了许多资料并提出了宝贵建议，编写工作也得到编者所在单位的大力支持，在此一并致谢。

电力行业电力用油、气分析检验人员考核委员会
2018 年 11 月

目录
Contents

第一章　油、气分析检验实验室基本知识

第一节　实验室工作要求与安全知识

一、实验室工作要求

油、气分析检验实验室是供电企业与发电企业监督油、气品质和充油充气设备运行状态的重要部门，可以为针对变压器油、汽轮机油、抗燃油、辅机油和六氟化硫气体提供准确可靠的检测数据。油、气分析检验实验室的人员应有明确职责的分工，技术主管全面负责实验室的技术工作，质量主管负责实施和遵循质量体系的责任和权力，设立必要的管理员。

1. 实验室规章制度

实验室应建立与油、气分析工作相适应的一系列规章制度，并形成文件。这些规章制度应涉及如下方面：

（1）实验室质量控制；

（2）实验室文件的管理，包括内部文件、外来文件（标准、政策、法律、法规、规定和其他文件资料）、各种记录和分析报告等；

（3）人员的培训和考核；

（4）安全和内务管理；

（5）环境条件的建立、控制和维护；

（6）仪器设备的控制和管理；

（7）样品的管理；

（8）分析操作、记录和分析报告的管理；

（9）出现意外和偏离规定时的纠正措施等。

2. 分析检验人员资格

应确保从事化学分析、操作专门设备及签署分析报告等人员具备相应能力，应按要求根据相应的教育、培训、经验和可证明的技能进行资格确认，按计划进行相关的培训与考核，保存实验室人员的有关信息。

3. 设施及环境条件要求

实验室的设施与环境条件应符合有关标准和规定的具体要求。分析试验台架、能源、照明、采暖、通风和环境洁净度等应便于分析工作的正常进行，确保分析检验人员的人身安全、设备安全和分析检验结果的准确。

4. 仪器设备的维护管理

实验室应完整配备油、气分析项目所需的仪器设备并进行正常维护管理，按规定对仪器设

备定期检定，对主要仪器设备建立技术档案。

5. 分析检验记录和报告

国家标准、行业标准及操作规程是油、气分析的依据，应按规章制度进行采样、分析检验记录和分析检验报告的审批。

二、实验室安全知识

化学分析实验室会不可避免地使用到易燃、易爆及有毒、易制毒试剂，实验室人员不仅要严格遵守实验室安全规程，还应具有基本的防火、防爆和防毒知识。

（一）实验室安全管理要求

（1）进入实验室后应首先检查实验室是否有异味，打开门窗通风。

（2）检查灭火器是否完好，安全疏散指示灯是否指示正常。

（3）检查设置急救药箱药品是否齐全、有效。

（4）保持实验室整洁。每个实验结束时和每日完成所有实验后，应收拾打扫干净。

（5）所有化学废料都要根据危险级别分类，并贮存在指定的容器内。

（6）实验室地面应保持干燥。如有化学品泄漏或水溅湿地面，应立即处理并告知其他工作人员。

（7）楼梯间及走廊切勿存放物品，严禁阻塞通道及阻碍应急用具的使用。

（8）所有实验室设备如通风柜、离心分离机、真空泵与高温炉等均需定期检查。

（9）实验人员工作结束离开实验室前，必须进行以下检查：

1）使用的危险化学药品是否放回专用药品柜内，使用过的化学试剂是否盖好；

2）实验过程中产生的有挥发性、有毒或有害的废液是否已妥善处理；

3）压缩气体钢瓶是否关闭严密；

4）可燃气罐是否关闭严密；

5）不需连续运行的仪器是否关停；

6）不需连续运行的空调是否关停；

7）室内水龙头是否关闭不漏；

8）实验室门窗是否关闭，如果室内有异味是否排除；

9）照明灯是否关闭。

（二）防火知识

1. 防火实验室配置

（1）实验室必须配置一定数量的消防器材。消防器材必须固定放置在便于取用的明显地方，并按要求定期检查或更换。

（2）实验室每一层楼应设若干过滤式防毒面具或隔离式防毒面具，其容量应可供呼吸 30min。

（3）实验室应在明显位置张贴安全疏散路线图。

（4）实验室应设置烟雾报警器和自动喷淋灭火系统，并定期检查。

(5) 实验室应配备紧急电源，一旦停电，可保证疏散通道与紧要场所的照明需要以及事故应急设施的用电要求。

(6) 实验室的照明电源与实验设备电源必须分开铺设，配备总、分电源开关。电源开关应尽量远离水源，所有电器开关、插座必须采用防爆结构。

(7) 实验室的建筑、装修及实验台面材料应选用防火材料。

2. 电气火灾的预防

(1) 定期检查电器设备和电源线路，如有老化要及时更换，遵守安全用电规程。

(2) 不得随意乱接电气线路，不得随意增加线路负荷和不按标准安装用电设备。

(3) 用电设备和仪器应选择合格产品，并定期维修保养；不得将仪器设备超量程、超负荷使用。

(4) 仪器使用后或较长时间离开现场时，应及时切断电源。

(5) 使用高负荷仪器设备时，应注意电力线路的负荷承受能力，以防引起电气事故。

3. 化学品引起火灾的预防

(1) 实验室内存放的一切易燃、易爆物品必须与火源、电源保持一定距离，不得随意堆放。

(2) 妥善保管易燃、易爆、易自燃和强氧化剂等药品，应注意分类和安全存放。

(3) 进行加热、灼烧和蒸馏等实验时，要格外小心，严格遵守操作规程。

(4) 使用易挥发可燃试剂（如乙醇、丙酮和汽油等）时，要尽量防止其大量挥发，保持室内通风良好，不能在明火附近倾倒和转移这类易燃试剂。

(5) 易燃气体（如甲烷和氢气等）钢瓶，不应直接放在室内使用，需隔离放置。

(6) 发现起火，要立即切断电源，关闭煤气，扑灭着火源，移走可燃物。

(7) 如为纸张和木器等普通可燃物着火，可用沙子和湿布等盖灭。

(8) 衣服着火时，应立即离开实验室，用厚衣服和湿布包裹压灭，或躺倒滚灭和用水浇灭。

4. 实验室火灾应急处理预案

(1) 发现火情，现场人员立即采取措施处理，防止火势蔓延并立即报告。

(2) 确定火灾发生的位置，判断出火灾发生的原因，如压缩气体、液化气体、易燃液体、易燃物品和自燃物品燃烧等。

(3) 明确火灾周围环境，判断出是否有重大危险源分布及是否会带来次生灾难。

(4) 明确救灾的基本方法，并采取相应措施，按照应急处置程序采用适当的消防器材进行扑救。

(5) 依据可能发生的危险化学品事故类别和危害程度级别划定危险区，对事故现场周边区域进行隔离和疏导。

(6) 视火情拨打"119"报警求救，并到明显位置引导消防车。

5. 使用灭火器灭火的注意事项

(1) 因木材、布料、纸张、橡胶以及塑料等固体可燃材料引起的火灾，可采用水浇灭法灭火。

(2) 对珍贵图书、档案应使用二氧化碳、卤代烷和干粉灭火剂灭火。

(3) 易燃可燃液体、易燃气体和油脂类等化学药品火灾，使用泡沫灭火剂、干粉灭火剂

3

灭火。

（4）带电电气设备火灾，应切断电源后再灭火。因现场情况及其他原因不能断电，需要带电灭火时，应使用沙子或干粉灭火器，不能使用泡沫灭火器或水。

（5）可燃金属，如镁、钠、钾及其合金等火灾，应用特殊的灭火剂，如干砂或干粉灭火器灭火。

（三）防爆常识

爆炸会引起更大的危害，使用易爆物品如苦味酸等时要格外小心。有些药品虽然单独存放或使用时比较稳定，但与某些药品混合后就会变成易爆物品（见表1-1），十分危险，许多可燃气体与空气或氧气混合，遇明火就会爆炸（见表1-2）。

表1-1　　　　　　　　　　　　　　　　易爆混合物

主要物质	互相作用的物质	引起燃烧、爆炸的因素	后　果
HNO_3（发烟）	有机物	相互作用	燃烧
$KClO_4$	乙醇、有机物	相互作用	爆炸
$KMnO_4$	乙醇、乙醚、汽油	浓 H_2SO_4	爆炸
NH_4NO_3	锌粉和少量水	相互作用	爆炸
Na_2O_2	有机物	摩擦	燃烧
K、Na	水	相互作用	燃烧、爆炸
S	氯酸盐、二氧化铅	捶击、加热	爆炸
P（红）	氯酸盐、二氧化铅	相互作用、加热	爆炸
P（白）	空气、氧化剂、强酸	相互作用	燃烧、爆炸
Cl_2	氢、甲烷、乙炔	阳光、光照	燃烧、爆炸
丙酮	过氧化氢	相互作用	燃烧、爆炸

表1-2　　　　　　可燃气体或蒸气的燃点及其与空气混合时的爆炸范围

物质名称（化学式）	燃点（℃）	空气中含量（%）	
		上　限	下　限
氢（H_2）	585	75	4.1
氨（NH_3）	650	27.4	15.7
甲烷（CH_4）	537	15	5.0
乙烷（C_2H_6）	510	14	3.0

续表

物质名称（化学式）	燃点（℃）	空气中含量（%）	
		上　限	下　限
乙烯（C_2H_4）	450	33.5	3.0
乙炔（C_2H_2）	335	82	2.3
一氧化碳（CO）	650	75	12.5
硫化氢（H_2S）	260	45.4	4.3
苯（C_6H_6）	538	8.0	1.4
甲醇（CH_3OH）	427	36.5	6.0
乙醇（C_2H_5OH）	538	18	4.0

实验室应采取的防爆措施包括：

（1）实验室易燃易爆试剂应根据其氧化还原性分类存放，不得将氧化性试剂与还原性试剂混放。

（2）易燃液体、易燃气体和油脂类等化学药品应远离火源。

（3）实验室使用易燃易爆危险品，要严格按有关制度办理领用手续，制定相关安全措施，要求有关人员认真执行。

（4）压力容器器壁应坚实，材质均一，具有足够的强度，无划痕瑕疵，无微孔、微观裂缝。

（5）使用高压气瓶时，必需严格遵守安全操作规则。

（6）发热设备应采取加强散热的措施以降低表面温度，避免引起事故。

（7）在仪器上加设泄压装置，当内部压力达到一定数值时，可首先遭受损坏，将高压气体泄出，以免仪器炸裂时炸伤人体。泄压装置不得对向操作者。

（四）防毒常识

实验室中接触的有毒物品，对人体的毒害途径和毒害程度各不相同。有些气态或烟雾状毒物，如 CO、HCN、Cl_2、NH_3、酸雾及有机溶剂蒸气等，是经呼吸道进入人体；有些有毒物品是操作时不慎沾在手上，洗涤不干净，在饮水进食时经消化系统进入人体；有些有毒物品（如氰化物、砷化物、汞盐、钡盐等）是因手上有伤，通过伤口进入血液而导致中毒；有些（如 Hg、SO_2、SO_3、氮氧化物等）则是因为触及皮肤及五官黏膜进入人体。

实验室应采取的防毒措施包括：

（1）实验室应配置防护服、防毒面具与手套等个人防护用品。

（2）凡涉及有毒物品的操作，必须严格遵守有关规定，手上不能有伤口，实验完后一定要仔细洗手。

（3）产生有毒气体的实验，一定要在通风柜中进行，保持室内通风良好。

（4）有毒物质应妥善保管和贮藏，实验后的有毒残液要妥善处理。

（5）实验室应设置专用仓库，有毒试剂应单独存放在保险柜内。

（6）化学危险品在入库前要验收登记，入库后要定期检查，严格管理，做到"五双管理"即双人管理、双人收发、双人领料、双人记账、双人双锁。

第二节　玻璃器皿的洗涤与干燥

一、玻璃器皿的洗涤

洗涤玻璃器皿是一项很重要的操作，洗涤是否合格，会直接影响分析结果的可靠性与准确度。不同的分析任务对器皿的洁净程度要求虽有不同，但至少都应达到倾去水后器壁上不挂水珠的程度。

（一）一般器皿的洗涤步骤

洗涤任何器皿之前，一定要将器皿内原有的东西倒掉，然后再按下述步骤顺序进行洗涤。

1. 水洗

根据仪器的种类和规格，选择合适的刷子，蘸水刷洗，洗去灰尘和可溶性物质。

2. 洗涤剂洗

用毛刷蘸取洗涤剂，先反复刷洗，然后边刷边用水冲洗。当倾去水后，如达到器壁上不挂水珠，则用少量蒸馏水或去离子水分多次（最少三次）涮洗，洗去所沾的自来水，即可（或烘干后）使用。

3. 洗液洗

用上述两种方法仍难洗净的器皿，或不便于用刷子刷洗的器皿，可根据污物的性质，选用适宜的洗液洗涤，常用的洗液见表1-3。应该注意，在换用另一种洗液时，一定要除尽前一种洗液，以免互相作用，降低洗涤效果，甚至生成更难洗涤的物质。用洗液洗涤后，仍需先用自来水冲洗，再用蒸馏水或去离子水分多次（最少三次）涮洗，除尽自来水。

表 1-3　　　　　　　　　　　　　　　常用洗液

洗液名称	洗液配制方法	用途、用法	注意事项
铬酸洗液	称取 20g 工业 $K_2Cr_2O_7$，加 40mL 水，加热溶解。冷却后，将 360mL 浓 H_2SO_4 沿玻璃棒慢慢加入上述溶液中，边加边搅拌。冷却，转入细口瓶中备用	一般油污，用途最广。浸泡、涮洗	（1）具有强腐蚀性，防止烧伤皮肤、衣物； （2）废液污染环境，用毕回收，可反复使用； （3）储存瓶要盖紧，以防吸水失效； （4）如呈绿色，则失效，可加入浓 H_2SO_4 将 Cr^{3+} 氧化后继续使用
碱性乙醇洗液	6g NaOH 溶于 6g 水中，再加入 50mL 乙醇（95%）	油脂、焦油、树脂。浸泡、涮洗	（1）应贮于胶塞瓶中，久贮易失效； （2）防止挥发，防火
碱性高锰酸钾洗液	4g $KMnO_4$ 溶于少量水，加入 10g NaOH，再加水至 100mL	油污、有机物。浸泡	浸泡后器壁上会残留 MnO_2 棕色污迹，可用 HCl 洗去

续表

洗液名称	洗液配制方法	用途、用法	注意事项
磷酸钠洗液	57g Na_3PO_4，28.5g 油酸钠，溶于 470mL 水	碳的残留物。浸泡、涮洗	浸泡数分钟后再涮洗
硝酸-过氧化氢洗液	15%～20% HNO_3 加等体积的 5%H_2O_2	特殊难洗的化学污物	久存易分解，应现用现配
碘-碘化钾洗液	1g I_2，2gKI，混合研磨，溶于少量水后，再加水到 100mL	$AgNO_3$ 的褐色残留污物	
有机溶剂	直接采用苯、乙醚、丙酮、酒精、二氯乙烷、氯仿等有机溶剂	油污，可溶于该溶剂的有机物	（1）注意毒性、可燃性；（2）用过的废溶剂应回收，蒸馏后仍可继续用

（二）特殊要求的洗涤方法

有些实验对器皿的洗涤有特殊要求，在用上述方法洗净后，还需作特殊处理。例如微量凯氏定氮仪，每次使用前都要用蒸汽处理 5min 以上，以除去仪器中的空气；某些痕量分析用的器皿要求洗去微量的杂质离子。因此，洗净的器皿还要用优级纯的 1：1HCl 或 HNO_3 溶液浸泡几十个小时，然后再用高纯水洗净。

（三）砂芯滤器的洗涤

古氏坩埚、滤板漏斗及其他砂芯滤器，由于滤片上的空隙很小，极易被灰尘、沉淀物堵塞，且不能用毛刷刷洗，需选用适宜的洗液浸泡抽洗，最后分别用自来水和去离子水冲洗干净。适于洗涤砂芯滤器的洗液见表 1-4。

表 1-4　　　　　　　　　　洗涤砂芯滤器的洗液

沉淀物	适宜洗涤液	用　法
新滤器	热 HCl、铬酸洗液	浸泡、抽洗
氯化银	1：1 氨水：10%$Na_2S_2O_3$	先浸泡再抽洗
硫酸钡	浓 H_2SO_4 或 3% EDTA 500mL 与浓 NH_3水的 100mL 混合液	浸泡、蒸煮、抽洗
汞	热、浓 HNO_3	浸泡、抽洗

沉淀物	适宜洗涤液	用　　法
氧化铜	热的 $KClO_3$ 与 HCl 混合液	浸泡、抽洗
有机物	热铬酸洗液	抽洗
脂肪	CCl_4	浸泡、抽洗，再换 CCl_4 抽洗

二、玻璃器皿的干燥

1. 非加热法干燥器皿

将洗净的器皿倒置于干净的实验柜内或容器架上自然晾干，或用吹风机将器皿吹干。或在器皿内加入少量酒精，再将其倾斜转动，壁上的水即与酒精混合，然后将其倾出，留在器皿内的酒精会快速挥发，从而使器皿干燥。

2. 加热法干燥器皿

将洗净的玻璃器皿放入恒温箱内烘干，玻璃器皿应平放或器皿口向下放；烧杯或蒸发皿可在石棉网上用电炉烤干。有刻度的量器不能用加热的方法干燥，加热会影响这些容器的准确度，还可能造成破裂。带有磨口玻璃瓶塞或旋塞的器皿在干燥时，应将瓶塞及旋塞取下单独干燥，以免瓶塞卡在瓶口。

第三节　化学试剂与实验室用水

一、化学试剂的级别和使用

化学试剂的纯度对分析结果的准确度影响很大，不同分析项目对化学试剂纯度的要求也不尽相同。根据化学试剂中的杂质含量，通常将实验室普遍使用的化学试剂分为四个等级，见表1-5。

表 1-5　　　　　　　　　　　化学试剂的级别和主要用途

级　别	中文名称	英文标志	标签颜色	主要用途
一级	优级纯	GR	绿	精密分析实验
二级	分析纯	AR	红	一般分析实验
三级	化学纯	CP	蓝	一般化学实验
生物化学试剂	生物试剂，生物染色剂	BR	黄	生物化学及医化学实验

此外，还有基准试剂（JZ，绿标签）、指示剂（ID）、色谱纯试剂（GC 或 LC）和光谱纯试剂

（SP）等。基准试剂的纯度相当于或高于优级纯试剂。指示剂用于配制指示溶液，质量指标为变色范围和变色敏感程度。色谱纯试剂是指进行色谱分析时使用的标准试剂，在色谱条件下只出现指定化合物的峰，不出现杂质峰。光谱纯试剂专门用于光谱分析，它是以光谱分析时出现的干扰谱线的数目及强度来衡量的，即其杂质含量用光谱分析法已测不出或其杂质含量低于某一限度。

按规定，试剂的标签上应标明试剂名称、化学式、摩尔质量、级别、技术规格、产品标准号、生产许可证号、生产批号和厂名等，危险品和有毒物品还应有相应的标志。若上述标记不全，应提出质疑。

当所购试剂的纯度不能满足实验要求时，应将试剂纯化后再使用。

指示剂的纯度往往不太明确，除少数标明"分析纯""试剂四级"外，经常只写明"化学试剂""企业标准"或"部颁暂行标准"等。常用的有机试剂也常等级不明，一般只可作"化学纯"试剂使用，必要时进行提纯。应根据滴定分析的类型和滴定终点，选择变色灵敏、滴定终点与变色点相一致的指示剂。

二、试剂的保管和取用

试剂保管不善或取用不当，极易变质和污染，这在分析化学实验中往往是引起误差甚至造成失败的主要原因之一。

试剂使用前，要认清标签；取用时，应将瓶盖反放在干净的地方。固体试剂应用干净的药匙取用，用毕立即将药匙洗净，晾干备用。液体试剂一般用量器取用。如需倒出部分试剂至量筒等量器，标签朝上，不要将试剂泼洒在外，多余的试剂不应倒回试剂瓶内，取完试剂随手将瓶盖盖好，切不可"张冠李戴"，以防沾污。

试剂都应贴上标签，写明试剂的名称、规格、日期等，标签贴在试剂瓶的 2/3 处。易腐蚀玻璃的试剂，如氟化物和苛性碱等，应保存在塑料瓶中。易被氧化的试剂（如氯化亚锡和低价铁盐）、易风化或潮解的试剂（如 $AlCl_3$、Na_2CO_3 和 $NaOH$ 等）应用石蜡密封瓶口。易受光分解的试剂，如 $KMnO_4$ 和 $AgNO_3$ 等，应用棕色瓶盛装，并保存在暗处。易受热分解的试剂，低沸点的液体和易挥发的试剂，应保存在阴凉处。剧毒试剂如氰化物、三氧化二砷和二氯化汞等，应特别注意保管和安全使用。

三、实验室用水

实验室除了应有清洁方便的自来水外，还应备有用于配制溶液、洗涤器皿、稀释水样及做空白试验用的试剂水（蒸馏水、去离子水和纯水等均可统称试剂水）。

试剂水的质量不同，其制备方法也不同。GB/T 6682《分析实验室用水规格和试验方法》将试剂水分为三级，其水质要求及制备方法见表 1-6。

表 1-6   试剂水的分类

项　　目	一级水	二级水	三级水
pH 值（25℃）	—	—	5.0~7.5
电导率（25℃）（μS/cm）	≤0.1	≤1.0	≤5.0

项　目	一级水	二级水	三级水
可氧化物质（以 O 计）＜（mg/L）	—	＜0.08	＜0.40
吸光度（254nm，1cm 光程）	≤0.001	≤0.01	—
蒸发残渣（105℃±2℃）（mg/L）	—	≤1.0	≤2.0
可溶性硅（以国际 O_2 计）（mg/L）	＜0.01	＜0.02	—
制备方法	可用二级水经石英设备蒸馏或混合床离子交换处理后，用 0.2μm 微孔滤膜过滤。不可储存，使用前制备	可用多次蒸馏或离子交换等方法制取。储存于密闭的专用聚乙烯容器中	可用蒸馏或离子交换等方法制取。储存于密闭的专用聚乙烯容器中。也可使用密闭的专用玻璃容器储存

第二章 油、气分析检验基本操作

第一节 玻璃仪器及其使用

一、滴定管

滴定管呈细长管状，下端具有控制液体流速的开关，管身具有刻度指示量度，刻度递增顺序一般为从上至下。常量分析用滴定管容量一般为 50mL，最小刻度值为 0.1mL，精确度为 1‰，即可精确到 0.01mL。

（一）滴定管分类

滴定管可分为酸式滴定管和碱式滴定管，如图 2-1 所示。碱式滴定管用于对玻璃有侵蚀作用的碱性液体，酸式滴定管用于对橡皮有侵蚀作用的酸性液态试剂，两者在结构上的区别主要在滴定管的下端。

（1）酸式滴定管的下端一般采用玻璃旋塞，转动旋塞，液体即自管内滴出。

（2）碱式滴定管的下端一般采用一段装有玻璃圆球的橡皮管与管身连接，橡皮管的另一端连接一支带有尖嘴的小玻璃管。使用时，轻轻往一边挤压玻璃球外面的橡皮管，使管壁与玻璃球之间形成一缝隙，液体即可自滴管滴出。碱式滴定管不采用玻璃旋塞，以防止其被碱液腐蚀而卡在塞槽内。

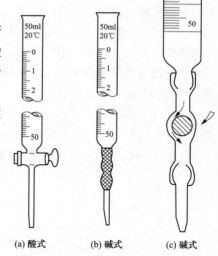

(a) 酸式　　(b) 碱式　　(c) 碱式

图 2-1　滴定管基本结构

但由于碱式滴定管操作不方便，同时橡皮管易老化发生漏液，现多使用具有聚四氟乙烯旋塞的酸碱通用型滴定管，其对酸碱都有很好的耐受性。

（二）滴定管使用方法

1. 滴定管的密封性检查

酸式滴定管在使用前应进行密封性检查：将滴定管固定在铁架台上，向滴定管内加入适量水，关闭旋塞，静置 2min，观察滴定管液面是否下降，旋塞缝隙中是否有水渗来判断其是否漏水；若不漏水，旋转旋塞 180°，再次观察滴定管是否漏水。

对于碱式滴定管，可轻轻挤压玻璃球，放出少量液体，再次观察滴定管是否漏水。

2. 滴定液的润洗

润洗按以下步骤进行：

（1）将试剂瓶中的滴定液摇匀，使凝结在瓶内壁的水混入溶液，再用该滴定液润洗滴定管2～3次，每次用量约10mL。

（2）将润洗液从下口放出约1/3以洗涤下端部分，然后关闭开关，横持滴定管并慢慢转动，使溶液与管内壁充分接触，最后将溶液从管口倒出。

（3）润洗完毕后，再加入足量的滴定液，液体量不应高于零刻度线。

滴定管管口狭小，加入滴定液时，宜细心缓慢，以防止滴定液漏出。

3. 滴定管的排气泡操作

检查管内滴定液中是否存在气泡，如果气泡壁附着在管壁内侧，可使用洗耳球和橡皮管等软材质物品轻敲管壁，让气泡浮出液面。如果橡皮管内或旋塞下端玻璃管内存在气泡，可采用将玻璃珠上部橡皮管弯曲向上挤压玻璃珠或快速扭转旋塞数次的方法排出气泡，如图2-2所示。

4. 滴定操作

滴定最好在锥形瓶中进行，必要时也可在烧杯中进行。操作步骤如下：

（1）读取滴定前滴定液的刻度值，记录读数，精确至0.01mL。

（2）如图2-3所示，滴定时左手操作滴定管，右手摇瓶。使用酸式滴定管的操作方法为：左手的拇指在管前，食指和中指在管后，手指略弯曲，轻轻向内扣住旋塞。手心空握，以免旋塞松动或可能顶出旋塞使溶液从旋塞隙缝中渗出，右手的拇指、食指和中指拿住锥形瓶颈，沿同一方向按圆周摇动锥瓶，不要前后振动。

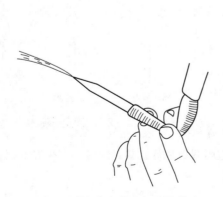

图2-2　碱式滴定管中气泡的排出　　　　图2-3　酸式滴定管的滴定操作

（3）在滴定时，滴定管尖嘴部分插入锥形瓶口下1～2cm处，使用滴定管下端的开关控制滴定液的流速。在远离滴定终点时，可以3～4滴/s的速度滴加滴定液，以节省实验所需时间；在接近滴定终点时，应改用1滴或半滴地加入，并用洗瓶吹入少量水冲洗锥形瓶内壁使附着的溶液全部流下，然后摇动锥形瓶，观察是否达到终点。如未到终点，继续滴定，直至到达终点（颜色变化半分钟不消失）为止。

（4）读取滴定终点时的滴定液刻度值，滴定液的用量即为其与滴定前滴定液刻度值的差值。

（三）滴定管的日常维护

1. 酸式滴定管的涂油

酸式滴定管应经常进行涂油处理，以保证旋塞的灵活使用。涂油时，先将滴定管平放在桌面上，将固定旋塞的橡皮圈取下，再取出旋塞，用干净的纸或布将旋塞和塞槽内壁擦干。用手指蘸取少量凡士林（或真空脂）在旋塞孔的两侧沿圆周涂上薄薄一层，在紧靠旋塞孔两旁不要涂凡士林，以免堵住旋塞孔，再装上旋塞并旋动，使旋塞与塞槽接触处呈透明状态。然后用橡皮圈套住，将旋塞固定在塞槽内，防止滑出。涂油过程如图2-4所示。涂好油的酸式滴定管旋塞与塞槽应密合不漏水，并且转动要灵活。

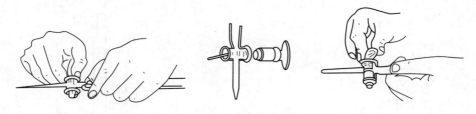

图 2-4　酸式滴定管的涂油

2. 酸式滴定管的洗涤

（1）无明显油污的滴定管，可直接用自来水冲洗或用肥皂水（洗衣粉水）浸洗，但不能用去污粉洗或毛刷刷洗，以免划伤内壁，影响滴定管体积的准确性。

（2）有油污不易洗净时，可用铬酸洗液洗涤。洗涤时应将管内的水尽量除去，关闭旋塞，倒入 10~15mL 铬酸洗液于滴定管中，两手端住滴定管，边转动边向管口倾斜，直至洗液布满全部管壁为止，反复转动。然后，将滴定管竖立，打开旋塞，将洗液放回洗液瓶中。

（3）油污严重时，需用较多洗液充满滴定管浸泡数分钟或更长时间，甚至用温热洗液浸泡一段时间。

（4）滴定管中的洗液放出后，先用自来水冲洗滴定管，再用蒸馏水淋洗 3~4 次。洗净的滴定管其内壁应完全被水均匀地润湿而不挂水珠。

（四）滴定管使用注意事项

（1）滴定管的滴定液中不能有气泡。反复快速放液，可排走酸式滴定管中的气泡；轻轻抬起尖嘴玻璃管，并用手指挤压玻璃球，可排走碱式滴定管中的气泡。

（2）滴定管应保持垂直状态，避免由于管身倾斜带来的读数误差，可用铅垂线辅助判断。

（3）酸式滴定管不能用于碱性溶液。酸式滴定管玻璃旋塞的磨口部分易被碱性溶液腐蚀，使旋塞无法转动。

（4）碱式滴定管不宜装对橡皮管有腐蚀性（强酸性、强氧化性）的溶液，如盐酸、碘、高锰酸钾和硝酸银等。

（5）滴定结束后，滴定管内剩余的溶液应弃去，不能倒回滴定液瓶中。然后，依次用自来水和蒸馏水冲洗数次，倒立夹在滴定管架上。

（6）酸式滴定管长期不用时，旋塞部分应垫上纸。否则，时间一久，塞子不易打开。

（7）滴定管区别于其他量具，其读数自上而下递增，读数时应予以注意。

（8）注入溶液或放出溶液后，需等待 30s～1min 后才能读数，读数时视线应与凹液面下缘实线的最低点相切。

二、移液管和吸量管

移液管是一种量出式量器，用来准确移取一定体积的溶液，其结构如图 2-5 所示。它是一根中间有一膨大部分的细长玻璃管，下端为尖嘴状，上端管颈处刻有一条标线，是所移取溶液准确体积的标志。而吸量管是一根具有刻度的直形玻璃管，如图 2-6 所示。

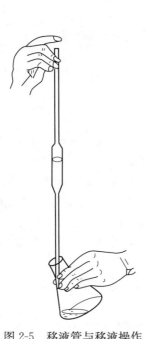

图 2-5　移液管与移液操作

图 2-6　吸量管

（一）规格

常用的移液管有 5、10、25 和 50mL 等规格。常用的吸量管有 1、2、5 和 10mL 等规格。移液管和吸量管所移取的体积通常可准确到 0.01mL。

按照国家计量检定规程和常用玻璃量器检定规程规定，依据容量允差可将移液管分为 A 级和 B 级（后续所述的吸量管、滴定管、容量瓶亦然），其标称容量及容量允差、流出时间和分度线宽度见表 2-1（仅为部分产品）。

表 2-1　　　　　　　　　　　　　　常用移液管的规格

标称容量（mL）		2	5	10	20	25	50	100
容量允差（mL）	A	±0.010	±0.015	±0.020	±0.030		±0.05	±0.08
	B	±0.020	±0.030	±0.040	±0.060		±0.10	±0.16
流出时间（s）	A	7～12	15～25	20～30	25～35		30～40	35～45
	B	5～12	10～25	15～30	20～35		25～40	30～45
分度线宽度（mm）		≤0.4						

（二）使用方法

根据所移溶液的体积和要求选择合适规格的移液管，在滴定分析中准确移取溶液一般使用移液管。化学反应需控制试液的加入量时，一般使用吸量管。

1. 检查

检查移液管的管口和尖嘴有无破损，若有破损则不能使用。

2. 洗净移液管

先用自来水淋洗后，用铬酸洗涤液浸泡。然后，用右手拿移液管或吸量管上端合适位置，食指靠近管上口，中指和无名指张开握住移液管外侧，拇指在中指和无名指中间位置握在移液管内侧，小指自然放松；左手拿吸耳球，持握拳式，将吸耳球握在掌中，尖口向下，握紧吸耳球，排出球内空气，将吸耳球尖口插入或紧接在移液管（吸量管）上口，注意不能漏气。慢慢松开左手手指，将洗涤液慢慢吸入管内，直至刻度线以上部分。移开吸耳球，迅速用右手食指堵住移液管（吸量管）上口，等待片刻后，将洗涤液放回原瓶。用自来水冲洗移液管（吸量管）内、外壁至不挂水珠，再用蒸馏水洗涤 3 次，风干后备用。

3. 吸取溶液

摇匀待吸溶液，将待吸溶液倒一小部分于一洗净并干燥的小烧杯中，用滤纸将清洗过的移液管尖端内外的水分吸干，插入小烧杯中吸取溶液。当吸至移液管容量的 1/3 时，立即用右手食指按住管口，取出、横持并转动移液管，使溶液流遍全管内壁，将溶液从下端尖口处排入废液杯内。如此反复操作，润洗 3～4 次后即可吸取溶液。

将用待吸液润洗过的移液管插入待吸液面下 1～2cm 处用吸耳球按上述操作方法吸取溶液。吸液操作中应注意移液管插入溶液不能太深，要边吸边往下插入，始终保持移液管尖在液面以下。当管内液面上升至标线以上 1～2cm 处时，迅速用右手食指堵住管口。若溶液下落至标线以下，应重新吸取。最后，将移液管提出待吸液面，并使移液管尖端接触待吸液容器内壁片刻后提起，用滤纸擦干移液管或吸量管下端黏附的少量溶液。在移动移液管或吸量管时，应将移液管或吸量管保持垂直，不能倾斜。

4. 调节液面

左手另取一干净小烧杯，将移液管管尖紧靠小烧杯内壁，小烧杯保持倾斜，使移液管保持垂直，刻度线和视线保持水平，注意左手不能接触移液管。可微微转动移液管或吸量管使食指稍稍松开，管内溶液慢慢从下口流出，液面将至刻度线时，按紧右手食指，停顿片刻，再按上述方法将溶液的弯月面底线放至与标线上缘相切为止，立即用食指压紧管口。将尖口处紧靠烧杯内壁，向烧杯口移动少许，去掉尖口处的液滴。将移液管或吸量管小心移至承接溶液的容器中。

5. 放出溶液

将移液管或吸量管直立，接受器倾斜，管下端紧靠接受器内壁，放开食指，让溶液沿接受器内壁流下，管内溶液流完后，保持放液状态停留 15s，将移液管或吸量管尖端在接受器靠点处靠壁前后小距离滑动几下，或将移液管尖端靠接受器内壁旋转一周。然后，移走移液管。残留在管尖内壁处的少量溶液，不可用外力强使其流出，因校准移液管或吸量管时，已考虑了尖端内壁处保留溶液的体积。管身标有"吹"字的移液管或吸量管，用吸耳球吹出残留液体，不允许保留。

6. 洗净放置

洗净移液管，放置在移液管架上。

（三）注意事项

（1）移液管（吸量管）不应在烘箱中烘干。

（2）移液管（吸量管）不能移取太热或太冷的溶液。

（3）同一实验中应尽可能使用同一支移液管。

（4）移液管在使用完毕后，应立即用自来水及蒸馏水冲洗干净，置于移液管架上。

（5）移液管和容量瓶常配合使用，在使用前常作两者的相对体积校准。

（6）在使用吸量管时，为了减少测量误差，每次都应从最上面刻度（0 刻度）处为起始点，往下放出所需体积的溶液，而不是需要多少体积就吸取多少体积。

三、容量瓶

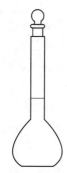

图 2-7　容量瓶

容量瓶是一种细颈梨形平底瓶，由无色或棕色玻璃制成，带有磨口玻璃塞或塑料塞。颈上刻有一环形标的是量入式量器，表示在所指温度下（一般为 20℃）液体凹液面与容量瓶颈部的标线相切时，溶液体积恰好与瓶上标注的体积相等，如图 2-7 所示。

容量瓶的用途是配制准确精度的溶液或定量稀释溶液，常与移液管配合使用。

（一）容量瓶型号

容量瓶是为配制准确的一定物质的量浓度的溶液用的精确仪器，常与移液管配合使用，以便把某种物质分为若干等份。通常容量瓶有 25、50、100、250、500 和 1000mL 等规格，实验中常用的是 100 和 250mL 的容量瓶。

（二）容量瓶使用前的检查

在使用容量瓶之前，要先进行以下两项检查。

(1) 容量瓶容积与所要求的是否一致。

(2) 检查瓶塞是否严密，不漏水。

（三）容量瓶的使用操作

在瓶中放水到标线附近，塞紧瓶塞，使其倒立 2min，用干滤纸片沿瓶口缝处检查，看有无水珠渗出。如果不漏，再把塞子旋转 180°，塞紧，倒置，检验有无渗漏。

这样做两次检查是必要的，有时瓶塞与瓶口不是在任何位置都是密合的。密合用的瓶塞必须妥善保护，最好用绳把它系在瓶颈上，以防跌碎或与其他容量瓶的瓶塞弄混。

（四）使用容量瓶配制溶液

(1) 使用前检查瓶塞处是否漏水。往瓶中注入 2/3 容积的水，塞好瓶塞。用手指顶住瓶塞，另一只手托住瓶底，把瓶子倒立过来停留一会儿。反复几次后，观察瓶塞周围是否有水渗出，经检查不漏水的容量瓶才能使用。

(2) 把准确称量好的固体溶质放在烧杯中，用少量溶剂溶解。若溶质难以溶解，可盖上表面皿，稍作加热，但必须放冷后才能转移。然后，将溶液沿玻璃棒转移到容量瓶里。为保证溶质能全部转移到容量瓶中，要用溶剂多次洗涤烧杯，并把洗涤溶液全部转移到容量瓶里。当溶液加到瓶中 2/3 处以后，将容量瓶水平方向摇转几周（勿倒转），使溶液大体混匀。溶液转移如图 2-8（a）所示。

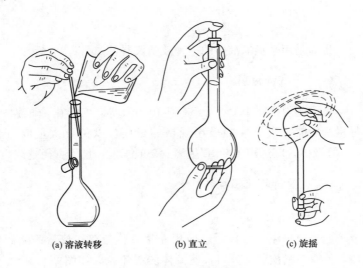

(a) 溶液转移　　　　(b) 直立　　　　(c) 旋摇

图 2-8　使用容量瓶配制溶液

(3) 将容量瓶平放在桌子上，慢慢加水到距标线 2～3cm 处，等待 1～2min，使黏附在瓶颈内壁的溶液流下。然后，用胶头滴管伸入瓶颈接近液面处，眼睛平视标线，加水至溶液凹液面底部与标线相切。

(4) 立即盖好瓶塞，用一只手的手指顶住瓶塞，另一只手的手指托住瓶底。注意不要用手掌握住瓶身，以免体温使液体膨胀，影响容积的准确。对于容积小于 100mL 的容量瓶，不必托住瓶底。随后将容量瓶倒转，使气泡上升到顶，此时可将瓶振荡数次。再倒转过来，仍使气泡上升到顶。如此反复 10 次以上，才能混合均匀。倒转和摇动的混合操作如图 2-8 （b）和（c）所示。

（五）注意事项

使用容量瓶时应注意以下几点：

（1）使用前需检验密闭性。

（2）不能在容量瓶里进行溶质的溶解，应将溶质在烧杯中溶解后转移到容量瓶里。

（3）用于洗涤烧杯的溶剂总量不能超过容量瓶的标线，一旦超过，必须重新进行配制。

（4）容量瓶不能进行加热。如果溶质在溶解过程中放热，要待溶液冷却后再进行转移。温度升高瓶体将膨胀，所量体积就会不准确。

（5）容量瓶只能用于配制溶液，不能储存溶液。有些溶液可能会对瓶体产生腐蚀，从而使容量瓶的准确性受到影响。

（6）容量瓶用毕应及时洗涤干净，塞上瓶塞，并在塞子与瓶口之间夹一条纸条，防止瓶塞与瓶口粘连。

（7）容量瓶只能配制一定容量的溶液，一般保留 4 位有效数字（如 250.0mL）。不能因为溶液超过或者没有达到刻度线而估算改变小数点后面的数字，书写溶液体积的时候必须是××.0mL。

四、量筒

图 2-9　量筒

量筒是用来量取液体的一种玻璃仪器，如图 2-9 所示。

（一）量筒的规格

量筒的规格有 10、25、50 和 100mL 等。实验中应根据所取溶液的体积，尽量选用能一次量取的最小规格的量筒，以免分次量取引起误差。如量取 85mL 液体，应选用 100mL 量筒。一般来说，量筒直径越细，精确度越高。

（二）量筒的使用操作

1. 液体的注入

向量筒里注入液体时，应用左手拿住量筒，使量筒略倾斜，右手拿试剂瓶，使瓶口紧挨着量筒口，使液体缓缓流入，如图 2-10 （a）所示。待注入的量比所需要的量稍少时，把量筒放平，改用胶头滴管滴加到所需要的量。

2. 刻度的朝向

量筒没有 “0” 的刻度，一般起始刻度为总容积的 1/10，读数时刻度应面对着自己，否则视线要透过两层玻璃和液体，若液体是浑浊的，刻度数字不易辨别，就更看不清刻度。

3. 液体的读取

注入液体后，等 1～2min，使附着在内壁上的液体流下来，再读出刻度值。否则，读出的数值偏小。应把量筒放在平整的桌面上，观察刻度时，视线与量筒内液体的凹液面的最低处保持水

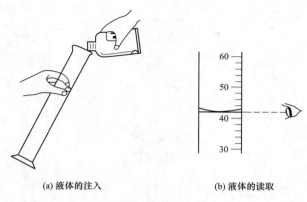

(a) 液体的注入   (b) 液体的读取

图 2-10 量筒的使用

平，再读出所取液体的体积数。否则，读数会偏高或偏低。

（1）俯视时视线斜向下，视线与筒壁的交点在水面上，读取的数据偏高，实际量取溶液值偏低；

（2）仰视时视线斜向上，视线与筒壁的交点在水面下，读取的数据偏低，实际量取溶液值偏高。

4. 量筒倒出液体后的冲洗

量筒倒出液体后是否进行冲洗，要视具体情况而定。如果仅仅是为了使测量准确，没有必要用水冲洗量筒，因为制造量筒时已经考虑到有残留液体这一点。相反，如果冲洗反而使所取体积偏大。如果要用同一量筒再量别的液体，就必须用水冲洗干净，为防止杂质的污染。

5. 注意事项

（1）量筒不能加热或量取过热的液体。量筒面的刻度是指温度在 20℃时的体积数。温度升高，量筒发生热膨胀，容积会增大。由此可知，量筒不能加热，也不能用于量取过热的液体。

（2）量筒里不能进行化学反应和配置溶液，其原因如下。

1）量筒容积太小。

2）在量筒里进行化学反应，会对量筒产生伤害，有时甚至会发生危险。

3）反应可能放热。

（3）量筒的误差较大，一般只能用于准确度要求不很严格时使用，通常应用于定性分析方面，一般不用于定量分析。

（4）量筒是粗量器，一般不需估读。

五、分液漏斗

（一）分液漏斗的分类

分液漏斗是一种用于液体分离和滴加的玻璃器皿，常见的有梨形、球形和筒形分液漏斗，如图 2-11 所示。其中，梨形分液漏斗颈部较短，多用于液体的萃取分离。在电力用油的分析中，主要用于新油和运行油中可溶性酸、酸值、抗氧化剂 T501（2，6-二叔丁基对甲酚）和糠醛含量的测定。球形分液漏斗颈部较长，多用于化学反应中液体试剂的滴加，以控制液体试剂的用量和化学反应的速度。

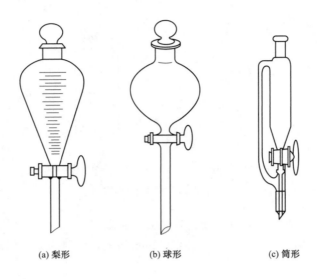

(a) 梨形　　　　　　(b) 球形　　　　　　(c) 筒形

图 2-11　分液漏斗基本结构

（二）梨形分液漏斗的使用操作

1. 检漏操作

在使用前，要将分液漏斗下端的旋塞取出，涂上适量的凡士林。但注意不要涂得过多，防止液孔阻塞。再将其插入塞槽内转动使油膜均匀透明，且转动自如。关闭旋塞，往漏斗内注入一定量的水，检查是否漏液，不漏液方可使用。

2. 萃取分离操作

往分液漏斗中注入需要进行萃取分离的混合液体，液体量不能超过其容积的 3/4。盖上漏斗口上的塞子，旋转塞子使塞子上的凹槽与漏斗口侧面的排气孔不重合。用左手虎口顶住漏斗下端旋塞柄，右手虎口顶住漏斗口塞子，使分液漏斗倾斜或水平，用力摇匀使两相液体充分接触进行萃取。摇动一定时间后，将分液漏斗倒置并使下端颈部向外倾斜，慢慢旋动旋塞进行排气，以防止液体被气体吹出。再关闭旋塞重复上述萃取操作，待没有气体产生后，将分液漏斗静置于铁架台铁圈上，漏斗口塞子上的小槽与漏斗口侧面小孔对齐相通，静置。待两种液体完全分离后，打开下端旋塞，使下层液体从漏斗颈排出。

3. 注意事项

（1）分液漏斗在使用前必须进行检漏。

（2）分液漏斗下端为磨口玻璃旋塞，不宜装碱性液体，以免旋塞受碱液腐蚀。

（3）为防止萃取过程中旋塞滑落或被产生的气体顶出，可用橡皮筋将旋塞固定。

（4）在进行排气时，不得将排气口对着人。

（5）上层液体需从漏斗口倒出，不得从下端漏斗颈排出。

第二节 溶液的配制与标定

一、溶液的浓度及其表示方法

溶质溶解在溶剂中形成均匀且呈分子或离子状态分布的稳定体系称作溶液。溶解在溶剂中的物质称作溶质，能溶解溶质的物质称作溶剂。当液体溶于液体时，通常把含量较多的一种称作溶剂，较少的一种称作溶质。

一定量的溶液或溶剂中所含溶质的量，称做溶液的浓度。溶液浓度的常用表示方法如下。

（一）比例表示法

1. 体积比例表示法（V：V）

液体试剂稀释或混合时常用此表示法。例如，1：10 盐酸（V：V）是由 1 体积的浓盐酸与 10 体积的水混合而成。

2. 质量比例表示法（m：m）

固体溶剂常用此表示法。例如，用于煤中全硫含量测定的艾士卡试剂由 1 份质量的无水碳酸钠与 2 份质量的氧化镁混合均匀而成。

（二）百分浓度表示法

1. 容量对容量百分浓度，%（V/V）

液体试剂稀释时常用此法，它是指 100mL 溶液（或溶剂）中所含液体溶质的毫升数。例如，10%（V/V）盐酸是指 10mL 浓盐酸用水稀释至 100mL 而得的溶液。

2. 质量对容量百分浓度，%（m/V）

用固体试剂配制溶液时常用此法。例如，10%（m/V）硫酸钠溶液是指 10g 硫酸钠溶解在 100mL 水中，或指 100mL 溶液中含有 10g 硫酸钠。

3. 质量百分浓度，%（m/m）

它是指 100g 溶液中所含溶质的克数。例如，35%（m/m）HCl 溶液是指 100g 盐酸溶液中含有 35gHCl。

（三）物质的质量浓度

物质的质量浓度定义为单位体积混合物中物质 B 的质量，符号为 ρ_B，单位为 kg/m^3、kg/L。在化学分析中，1L 溶液中所含溶质的质量或单位体积的溶液中所含溶质的质量称为质量浓度，常用的单位有 g/L、mg/L、g/mL 和 mg/mL 等。

（四）物质的量浓度

1. 定义

单位体积混合物中物质 B 的量，称为物质 B 的量浓度，也可称作物质 B 的浓度，其符号

为 c_B，即

$$c_B = n_B / V \tag{2-1}$$

这一定义适用于气体混合物、固体溶液（混晶）和溶液。当用于溶液时，c_B 是溶质 B 的物质的量，V 是溶液的体积。

其 SI 单位为摩［尔］每立方米（mol/m^3）或摩［尔］每立方分米（mol/dm^3），我国选定的非国际单位制的法定计量单位为摩［尔］每升（mol/L），它们的换算关系是

$$1mol/L = 10^{-3}mol/dm^3 = 10^3 mol/m^3 \tag{2-2}$$

2. 物质的量浓度的计算

（1）物质的量是量的名称，其符号是 n_B。物质的量 n_B 就是以阿伏伽德罗常数 N_A 为计数单位，来表示物质指定的基本单位是多少的一个物理量。物质的量的 SI 单位是摩尔，国标单位符号为 mol。

摩尔是一系统的物质的量，该系统中所包含的基本单元数与 0.012kg 碳 12（^{12}C）的原子数相等。使用摩尔时，基本单元应予指明，可以是原子、分子、离子、电子及其他粒子或这些粒子特定的组合。

选取 0.012 千克碳 12（^{12}C）作为衡量物质的量——"摩尔"标准的原因是因为碳 12（即原子核中有 6 个质子和 6 个中子的碳原子）的原子量是 12。根据实验测定，0.012kg（或 12g）碳 12 中含有的碳原子数目是 6.023×10^{23}，而元素的原子量和化合物的分子量又是以 ^{12}C 为基础定出的。所以，不难看出，6.023×10^{23} 个任何原子的质量若以克来表示，其数值就等于它的原子量。同理，6.023×10^{23} 个分子的质量若以克来表示，其数值就等于它的分子量。由此可见：

1）氢的原子量是 1.008，1mol 氢原子的质量是 1.008g。

2）氢气的分子量是 2.016，1mol 氢气的质量是 2.016g。

3）氧的原子量是 16.00，1mol 氧原子的质量是 16.00g。

4）氧气的分子量是 32.00，1mol 氧气的质量是 32.00g。

（2）摩尔质量是某种基本单元（即 6.023×10^{23} 个微粒的集合体）所组成的物质所具有的质量与该物质所具有的物质的量的比值。摩尔质量的单位是千克每摩尔，SI 单位制符号 kg/mol，在化学分析中常用单位是 g/mol。

摩尔质量的符号为 M（或 MB），其数值为确定化学组成的物质（或基本单元 B）的相对分子（或原子）的质量 M。例如，Zn 的摩尔质量 $M(Zn)$ 为 65.39g/mol，H_2SO_4 的摩尔质量 $M(H_2SO_4)$ 为 98.08g/mol。

（3）物质的量、质量与摩尔质量三者之间的关系如下

$$m = M_B \times n_B \tag{2-3}$$

式中　n_B——物质 B 的物质的量，mol；

　　　　m——物质 B 的质量，g；

　　　　M_B——物质 B 的摩尔质量，g/mol。

（4）C_B 的计算。根据 C_B 的定义可知，C_B 表示 1L 溶液中所含溶质 B 的物质的量。其计算公式为

$$C_B = n_B/V \qquad\qquad (2\text{-}4)$$

式中　C_B——物质 B 的物质的量浓度，mol/L；

　　　n_B——物质 B 的物质的量，mol；

　　　V——溶液的体积，L。

物质 B 的物质的量浓度已取代过去使用的当量浓度，在使用物质的量浓度 C_B 时，必须标明 B 的基本单元，如 $C(H_2SO_4)$、$C(Ca^{2+})$ 等。

（5）等物质的量规则及其计算。在滴定分析中，可以利用"等物质的量规则"代替已废除的当量定律，作为滴定分析计算依据。

等物质的量规则定义为：在化学反应中，消耗的各反应物及生成的各产物的物质的量相等。

（五）物质的质量摩尔浓度

溶液中单位质量溶剂 m_A 中溶质 B 的物质的量 n_B 称为物质 B 的质量摩尔浓度 b_B，即 $b_B = n_B/m_A$，质量摩尔浓度的单位为 mol/kg。

（六）滴定度

滴定度即每 1mL 某摩尔浓度的滴定液相当于被测药物的质量。如 $T(EDTA/CaO) = 0.5mg/mL$ 表示 1mL 的 EDTA 标准溶液可滴定 CaO 0.5mg。

（七）百万份浓度

一百万份溶液中所含溶质的量即为百万份浓度，以 ppm 表示。溶液和溶质的量可用体积或质量表示，原气体分析曾使用它表示气体的浓度。目前，法定计量单位已不使用 ppm。

二、常用溶液的配制及标定

（一）标准溶液的配制

标准溶液是已知准确浓度的溶液，常用物质的量浓度 C_B 表示。标准溶液在容量分析中广泛应用，它是根据所加入的已知浓度和体积的标准溶液求出被测物质的含量。因此，正确地配制标准溶液和准确地标定标准溶液的浓度，对于提高滴定分析的准确度具有重要意义。根据物质的性质和特点，标准溶液的配制一般有两种方法。

1. 直接配制法

准确称取一定量的基准物质，加溶剂溶解后移入容量瓶中，以溶剂稀释至刻度。根据物质的质量和溶液的体积计算出标准溶液的准确浓度。直接配制法的优点是方便，配好后就可以使用。基准物质是用来直接配制标准溶液或标定未知溶液浓度的物质，必须具备下列条件：

（1）物质必须具有足够的纯度，一般要求其纯度在 99.9% 以上，而杂质的含量应少到滴定分析所允许的误差限度以下，通常可用基准级试剂或优级纯试剂直接配制标准溶液。

（2）物质的组成与化学式应完全符合，若含结晶水，则其结晶水的含量也必须与化学式相符。

（3）性质稳定。例如，贮存时应不发生变化，在空气中不吸收水分和二氧化碳，不被空气中的氧气所氧化，在烘干时不分解等。

但是，在实际工作中用来配制标准溶液的物质大多不能满足上述条件。如，NaOH 极易吸收空气中的二氧化碳和水分，称得的质量不能代表纯 NaOH 的质量；HCl 易挥发；H_2SO_4 易吸水和 $KMnO_4$ 易发生氧化还原反应等。因此，往往不能用直接法配制标准溶液，而要用间接法配制。

2. 间接配制法

先粗略地称取一定量物质或量取一定量体积浓溶液，配制成接近所需浓度的溶液，然后，对其进行标定，这种配制方法称为间接配制法。

（二）标准溶液的标定

标准溶液的标定方法为：准确称取一定量的纯物质作为基准物质，将它溶解后用待标定的溶液滴定。根据基准物质的质量及所消耗的待标定溶液的体积，就可以算出该溶液的准确浓度。例如，欲配制约 0.1mol/L 的 HCl 标准溶液，可先量取一定量的浓盐酸，稀释，配成浓度大约为 0.1mol/L 的稀溶液。然后，准确称取一定量的基准物如硼砂，溶解后得到标准溶液，将已配好的盐酸溶液滴定至终点，根据此方法计算出盐酸标准溶液的准确浓度。

（三）常用溶液配制

电力用油（气）试验中，有很多项目需要进行溶液配制，下面按不同试验项目分类列举部分常用溶液配制方法。

1. 酸值测定试验中所需溶液的配制

电力用油酸值测定溶液的配制方法有以下几种：

（1）按 NB/SH/T 0836—2010《绝缘油酸值的测定 自动电位滴定法》中测量方法配制溶液。

该配制方法为将试样溶解在溶剂中，在加氮气保护下，使用玻璃指示电极和参比电极，用氢氧化钾异丙醇溶液进行电位滴定，对电位表的读数和滴定液的体积进行作图。当终点 pH 值为 11.5 时，读取相应的体积作为滴定终点。该方法主要用于变压器新油验收。

其中，氢氧化钾异丙醇标准溶液配制及标定方法如下：

配制：将 3.0g 氢氧化钾加入到 1000mL±10mL 异丙醇中，微沸 10min。溶液冷却后，塞住烧瓶口，在暗处静置 2d，然后通过孔径为 5μm 的薄膜过滤上层清液。将滤液储存在棕色瓶中，通过装有碱石灰吸收剂的导管与空气中二氧化碳隔离，避免接触软木塞、橡胶和旋塞的皂化脂。

标定：称取 0.1～0.16g 邻苯二甲酸氢钾（基准试剂，使用前在 105℃下烘干约 2h 至恒重），称准到 0.0002g，溶解到 100mL 去二氧化碳水中，用 0.05mol/L 氢氧化钾异丙醇溶液进行电位滴定。

氢氧化钾异丙醇溶液的浓度 C(mol/L)，可用下面公式计算

$$C = \frac{m \times 1000}{204.23 \times V} \tag{2-5}$$

式中　m——邻苯二甲酸氢钾质量，g；

　204.23——邻苯二甲酸氢钾摩尔质量，g/mol；

　　　V——氢氧化钾异丙醇溶液体积，mL。

（2）按 GB/T 4945—2002《石油产品和润滑剂酸值和碱值测定法（颜色指示剂法）》中测量

方法配制溶液。

该配制方法为将试样溶解在含有少量水的甲苯和异丙醇混合溶剂中，使其成为均相体系，在室温下分别用标准酸或碱的醇溶液滴定。通过加入的对-萘酚苯指示剂溶液的颜色变化来指示终点。测定强酸值时，用热水抽提试样，用氢氧化钾醇标准溶液滴定抽提的水溶液，以甲基橙为指示剂。该方法用于新的汽轮机油验收。

该标准需要配制 0.1mol/L 盐酸异丙醇标准溶液、滴定溶剂、甲基橙指示剂溶液、对-萘酚苯指示剂溶液、氢氧化钾异丙醇标准溶液、酚酞指示剂溶液，配制方法为：

1）0.1mol/L 盐酸异丙醇标准溶液的配制。

取 9mL 浓盐酸（分析纯，相对密度 1.19）与 1000mL 异丙醇混合。准确量取 0.1mol/L 氢氧化钾异丙醇标准溶液 8mL，用 125mL 不含二氧化碳的水稀释，以此溶液作为滴定剂，用电位滴定法进行标定。经常标定以确保标定误差不大于 0.000 5mol/L。

2）滴定溶剂的配制。将 500mL 的甲苯和 5mL 水加入到 495mL 的无水异丙醇中，混匀。

3）甲基橙指示剂溶液的配制。将 0.1g 甲基橙溶解于 100mL 水中。

4）对-萘酚苯指示剂溶液的配制。取 1g±0.001g 对-萘酚苯指示剂固体，溶于少量滴定溶剂中，稀释至 100mL，为 10g/L±0.01g/L 的对-萘酚苯指示剂溶液。对-萘酚苯指示剂必须符合 GB/T 4945—2002 附录 A 的规定。

5）氢氧化钾异丙醇标准溶液的配制。将 6g 氢氧化钾溶于 1L 异丙醇中，操作与标定方法参照 NB/SH/T 0836—2010 中氢氧化钾异丙醇标准溶液配制方法。

6）酚酞指示剂溶液的配制。将 0.1g±0.01g 的纯固体酚酞溶解于 50mL 乙醇和 50mL 无二氧化碳的水中。

（3）按 GB/T 264—1983《石油产品酸值测定法》中测量方法配制溶液。

该配制方法为用沸腾乙醇抽出试样中的酸性成分，然后用 0.05mol/L 氢氧化钾乙醇溶液进行滴定，以碱蓝 6B（或甲酚红）作为指示剂。该方法用于变压器油、汽轮机油运行油检测及其他种类油验收、运行中检测。

1）0.05mol/L 氢氧化钾乙醇标准溶液的配制。

配制：称取 4.0g 氢氧化钾，置于聚乙烯容器中，加少量水（5mL）溶解，用乙醇（95%）稀释至 1000mL，密闭放置 24h。用塑料管虹吸上层清液至另一聚乙烯容器中。

标定：称取 0.75g 邻苯二甲酸氢钾（基准试剂，使用前在 105℃下烘干约 2h 至恒重），称准到 0.000 2g，溶于 50mL 无二氧化碳的水中，加 2 滴酚酞指示剂（10g/L），将配制好的氢氧化钾乙醇溶液滴定至溶液呈粉红色，同时做空白试验。临用前标定。

氢氧化钾乙醇标准滴定溶液的浓度 C(mol/L)，用下面公式计算

$$C = \frac{m \times 1000}{(V_1 - V_2) \times 204.23} \tag{2-6}$$

式中 m——邻苯二甲酸氢钾质量，g；

204.23——邻苯二甲酸氢钾摩尔质量，g/mol；

V_1——氢氧化钾乙醇溶液体积，mL；

V_2——空白试验氢氧化钾乙醇溶液体积，mL。

2）碱蓝 6B 指示剂的配制。配制溶液时，称取碱性蓝 1g（称准至 0.01g），然后将它加在

50mL煮沸的95％的乙醇中，并在水浴中回流1h，冷却后过滤。必要时，煮热的澄清滤液要用0.05mol/L氢氧化钾乙醇溶液或0.05mol/L盐酸溶液中和，直至加入1～2滴碱溶液能使指示剂溶液从蓝色变成浅红色而在冷却后又能恢复成为蓝色为止，有些指示剂制品经过这样处理变色才灵敏。

3）甲酚红指示剂的配制。配制溶液时，称取甲酚红0.1g（称准至0.001g）。将甲酚红研细，溶于100mL95％乙醇中，并在水浴中煮沸回流5min，趁热用0.05mol/L氢氧化钾乙醇滴定至甲酚红溶液由橘红色变为深红色，而在冷却后又能恢复橘红色为止。

（4）按GB/T 28552—2012《变压器油、汽轮机油酸值测定法（BTB法）》中测量方法配制溶液。

该方法用沸腾乙醇抽出试样中的酸性成分，然后用0.03～0.05mol/L氢氧化钾乙醇溶液进行滴定，以溴百里香酚蓝（BTB）作为指示剂。该方法适用于变压器油、汽轮机油运行中检测。

其中，0.03～0.05mol/L氢氧化钾乙醇标准溶液配制方法参考碱蓝6B指示剂配制法。

溴百里香酚蓝（BTB）指示剂配制方法为，取0.5g溴百里香酚蓝（BTB），称准至0.01g，放入烧杯内，加入100mL无水乙醇，然后用0.1mol/L氢氧化钾乙醇溶液中和至pH值为5.0。

2. 水溶性酸（碱）测定试验中所需溶液的配制

变压器油中水溶性酸（碱）值测定方法有两种情况，一种是新油，按GB/T 259—1988《石油产品水溶性酸及碱测定法》进行测定；一种是运行油，按GB/T 7598—2008《运行中变压器油中水溶性酸测定法》进行测定。

（1）新油水溶性酸（碱）值测定所用溶液的配制。

GB/T 259—1988《石油产品水溶性酸及碱测定法》主要用蒸馏水或乙醇水溶液抽提试样中的水溶性酸或碱，然后分别用0.02％甲基橙水溶液或1％酚酞乙醇指示剂检查抽出液颜色的变化情况，或用酸度计测定抽提物的pH值，以判断有无水溶性酸或碱的存在。

1）0.02％甲基橙溶液配制。称0.02g甲基橙（称准至0.000 2g），溶于100mL水中，即为0.02％甲基橙水溶液。

2）1％酚酞乙醇指示剂配制。称1g酚酞（称准至0.01g），溶于少量乙醇（95％），再用乙醇（95％）稀释至100mL，即为1％酚酞乙醇指示剂。

（2）运行油中水溶性酸（碱）值测定所用溶液的配制。

GB/T 7598—2008《运行中变压器油水溶性酸测定法》主要用等体积蒸馏水和油样混合后，取其水抽出液部分，通过比色，测定油中水溶性酸，结果用pH值表示。也可以采用酸度计或海利奇比色计法测定。

该方法需要配制溴甲酚绿pH指示剂、溴甲酚紫pH指示剂、0.2mol/L邻苯二甲酸氢钾溶液、0.2mol/L磷酸二氢钾溶液、0.1mol/L盐酸溶液、0.1mol/L氢氧化钠溶液、pH标准缓冲溶液、pH标准比色液，配制方法如下：

1）溴甲酚绿pH指示剂配制。将0.1g溴甲酚绿与7.5mL 0.02mol/L氢氧化钠一起研匀，用除盐水稀释至250mL，再用0.1mol/L氢氧化钠或盐酸调整pH值为4.5～5.4。

2）溴甲酚紫pH指示剂配制。将0.1g溴甲酚紫溶于9.25mL的0.02mol/L氢氧化钠中，用除盐水稀释至250mL，再用0.1mol/L氢氧化钠或盐酸调整pH值为6.0。

3）0.2mol/L 邻苯二甲酸氢钾溶液的配制。准确称取预先在 100～110℃ 干燥过的邻苯二甲酸氢钾 40.846g，将其溶解于适量的水（除盐水或二次蒸馏）中，移入 1000mL 容量瓶，再稀释至刻度，摇匀。

4）0.2mol/L 磷酸二氢钾溶液的配制。准确称取预先在 100～110℃ 干燥过的邻苯二甲酸氢钾 7.218g，并将其溶解于适量的水（除盐水或二次蒸馏）中，移入 1000mL 容量瓶，再稀释至刻度，并摇匀。

5）0.1mol/L 盐酸溶液的配制。量取 17mL 浓盐酸（分析纯，相对密度 1.19）注入 1000mL 容量瓶，用水（除盐水或二次蒸馏水）稀释至刻度（此溶液浓度约为 0.2mol/L），再用依据 GB/T 601—2016《化学试剂　标准滴定溶液的制备》中制备的标准碱溶液进行标定，配制成 0.1mol/L 盐酸溶液。

6）0.1mol/L 氢氧化钠溶液的配制。迅速称取 8g 氢氧化钠（分析纯）放入小烧杯中，加入 50～60mL 水（除盐水或二次蒸馏水）使其溶解，移入 1000mL 容量瓶，再加入 2～3mL 10％的氯化钡溶液以沉淀碳酸盐，稀释至刻度，静置澄清。取上层清液（此溶液浓度约为 0.2mol/L），再用依据 GB/T 601—2016 制备的标准酸溶液进行标定，配制成 0.1mol/L 氢氧化钠溶液。

7）pH 标准缓冲溶液的配制方法见表 2-2。

表 2-2　　　　　　　　　　　　　pH 标准缓冲溶液配制

pH	0.1mol/L 盐酸（mL）	0.2mol/L 磷酸二氢钾（mL）	0.1mol/L 氢氧化钠（mL）	0.2mol/L 磷酸二氢钾溶液（mL）	稀释至体积（mL）
3.6	6.3	25			100
3.8	2.9	25			100
4.0	0.1	25			100
4.2		25	3.0		100
4.4		25	6.6		100
4.6		25	11.1		100
4.8		25	16.5		100
5.0		25	22.6		100
5.2		25	28.8		100
5.4		25	3.1		100
5.6		25	38.8		100
5.8		25	42.3		100

pH	0.1mol/L 盐酸（mL）	0.2mol/L 磷酸二氢钾（mL）	0.1mol/L 氢氧化钠（mL）	0.2mol/L 磷酸二氢钾溶液（mL）	稀释至体积（mL）
6.0		25	5.6	25	100
6.2		25	8.1	25	100
6.4		25	11.6	25	100
6.6		25	16.4	25	100
6.8		25	22.4	25	100
7.0		25	29.1	25	100

8）pH 标准比色液配制方法如下：

a）pH 值为 3.6～5.4 的标准比色液按表 2-2 分别取 pH 3.6～pH 5.4 标准缓冲溶液 10mL 于 10mL 具塞比色管中，各加 0.25mL 溴甲酚绿指示剂，摇匀备用。

b）pH 值为 5.6～7.0 的标准比色液按表 2-2 分别取 pH 5.6～pH 7.0 标准缓冲溶液 10mL 于 10mL 具塞比色管中，各加 0.25mL 溴甲酚紫指示剂，摇匀备用。

pH 标准比色液有效期为 3 个月，每次配置时，必须采用新配制的 pH 标准缓冲溶液和新配制的指示剂。

9）pH＝4.0 和 pH＝6.86 标准缓冲溶液的配制。

根据 GB/T 7598—2008 附录 A 中酸度计法需要配制 pH＝4.0 和 pH＝6.86 标准缓冲溶液（可用相应商品 pH 标准物质直接配制）。

a）pH＝4.0 的标准缓冲溶液的配制方法为：准确称取预先在 100～110℃ 干燥过的邻苯二甲酸氢钾 10.21g 溶解于少量的水（除盐水或二次蒸馏）中，并准确稀释至 1L，摇匀。

b）pH＝6.86 的标准缓冲溶液的配制方法为：准确称取预先在 100～110℃ 干燥过的磷酸二氢钾 3.390g 溶解于少量的水（除盐水或二次蒸馏水）中，并准确稀释至 1L，摇匀。

10）海利奇比色计法 pH 指示剂的配制。

根据 GB/T 7598—2008 附录 B 中海利奇比色计法需要配制两种 pH 指示剂。

a）溴甲酚绿指示剂（pH3.8～pH5.4）的配制方法为：将 0.1g 溴甲酚绿与 7.5mL 0.02mol/L 氢氧化钠一起研匀，用除盐水稀释至 250mL，再用 0.1mol/L 氢氧化钠或盐酸调整 pH 值为 5.4。

b）溴百里香酚蓝指示剂（pH6.0～pH7.6）的配制方法为：将 0.1g 溴百里香酚蓝（BTB）与 8.0mL 0.02mol/L 氢氧化钠一起研匀，用除盐水稀释至 250mL，再用 0.1mol/L 氢氧化钠或盐酸调整 pH 值为 7.0。

3．酸值增加值测定所需溶液的配制

酸值增加值采用 GB/T 7304—2014《石油产品酸值的测定 电位滴定法》中的方法测定，主要适用于风电厂运行齿轮油质量检测。该方法将试样溶解在滴定溶剂中，以氢氧化钾异丙醇标准溶液为滴定剂进行电位滴定。手动绘制或自动绘制电位值对应滴定体积的电位滴定曲线，并将明显的突跃点作为终点，如果没有明显突跃点则以相应的新配非水酸性或碱性缓冲溶液的电位值作为滴定终点。

该方法需要配制溶液有氯化锂电解液、pH4 缓冲溶液、pH7 缓冲溶液、pH11 缓冲溶液、0.1mol/L 盐酸异丙醇标准溶液、0.1mol/L 氢氧化钾异丙醇标准溶液、滴定溶剂。其中，0.1mol/L 盐酸异丙醇标准溶液、0.1mol/L 氢氧化钾异丙醇标准溶液、滴定溶剂均参照 GB/T 4945—2002《石油产品和润滑剂酸值和碱值测定法（颜色指示剂法）》进行配制，其他缓冲液配制方法如下：

（1）pH＝4 缓冲溶液配制。称取于（115.0±5.0）℃条件下干燥 2～3h 的邻苯二甲酸氢钾基准试剂 10.12g，溶于无二氧化碳的蒸馏水，在 25℃下稀释至 1000mL。

（2）pH＝7 缓冲溶液配制。称取于（115.0±5.0）℃条件下干燥 2～3h 的磷酸二氢钾基准试剂 6.81g，加 0.1mol/L 氢氧化钠 291mL，用无二氧化碳的蒸馏水，在 25℃下稀释至 1000mL。

（3）pH＝11 缓冲溶液配制。称取碳酸氢钠基准试剂 2.10g，加 0.1mol/L 氢氧化钠 227mL，用无二氧化碳的蒸馏水，在 25℃下稀释至 1000mL。

以上三种缓冲溶液也可以用市售试剂进行配制。

4. 抗氧化剂含量测定所用的溶液的配制

电力用油抗氧化剂含量测定方法有四种，其一是按 SH/T 0802—2007《红外光谱法》测定，适用于变压器油的抗氧化剂测定；另外三种方法为 GB/T 7602—2008《变压器油、汽轮机油中 T501 抗氧化剂含量测定法》中所列三种方法，分别为 GB/T 7602.1—2008《分光光度法》、GB/T 7602.2—2008《液相色谱法》、GB/T 7602.3—2008《红外光谱法则》，适用于变压器油和汽轮机油的抗氧化剂测定。

（1）SH/T0802—2007《红外光谱法》测定方法中溶液的配制。

该标准中的方法是通过 1.5mm 光程长度的试验池测定 $3650cm^{-1}$ 的 O—H 伸缩振动的吸收值，通过外标法计算得出抗氧化剂含量。需要配制 T501（标准中的 DBPC）0.02％～0.50％五种不同浓度标准溶液。配制方法可以参照 GB/T 7602《变压器油、汽轮机油中 T501 抗氧化剂含量测定法》中基础油和标准油的配制方法。

（2）GB/T 7602.1—2008《分光光度法》测定方法中溶液的配制。

该标准中的方法是以石油醚、乙醇作溶剂，磷钼酸作显色剂，根据 T501 抗氧化剂与磷钼酸形成钼蓝络合物在分光光度计 700nm 处的有较强吸光度，利用该吸光度值与 T501 含量成正比关系，确定变压器油、汽轮机油中 T501 含量。最小检测量为 0.05％。

该方法需要配制基础油、标准油、0.1mol/L 氢氧化钾无水乙醇溶液、5％磷钼酸无水乙醇溶液、35％氢氧化钾甲醇等溶液，配制方法如下：

1）基础油的配制。取变压器油或汽轮机油 1kg，加 100g 浓硫酸（小心操作），边加边搅拌 20min，然后加入10～20g 干燥白土，继续搅拌 10min，沉淀后倾出澄清油。酸、白土处理应进行两次。将第二次处理后的澄清油加热至 70～80℃，再加入 100～150g 的干燥白土，搅拌 20min，沉淀后倾出澄清油。如此再重复处理一次，沉淀后过滤，将两次加热白土处理所得的澄清油进行测定，确认基础油不含 T501。

2）标准油的配制。称取 T501 抗氧化剂 1g（称准至 0.000 1g），加热至不高于 70℃的条件下溶于 199g 基础油中，此油 T501 含量为 0.05％。再分别称取此油 4.0、8.0、12.0、16.0g，分别溶于 16.0、12.0、8.0、4.0g 基础油中，其 T501 含量分别为 0.1%、0.2%、0.3%、0.4%。标准油避光保存在棕色瓶中，可以使用 3 个月。

3）0.1mol/L 氢氧化钾无水乙醇溶液参照标准油的配制方法配制。称取氢氧化钾 5.6g（称准至 0.01g），溶于 1000mL 无水乙醇中。

4）5%磷钼酸无水乙醇溶液的配制。称取磷钼酸 5g（称准至 0.1g），用 95g 无水乙醇充分溶解后，过滤后置于棕色瓶中，放在暗处保存。

5）35%氢氧化钾甲醇的配制。称取氢氧化钾 35g（称准至 0.1g），溶于 25mL 蒸馏水中，再用甲醇稀释至 100mL。

6）干燥白土的制作。取细度小于 200 目的白土 500g，在 120℃下烘干 1h，保存在干燥器内。

（3）GB/T 7602.2—2008《液相色谱法》测定方法中溶液的配制。

该标准中的方法是以甲醇为萃取剂，以富集油中 T501 抗氧化剂为被萃取物，用高效液相色谱仪分析萃取液中 T501 抗氧化剂含量。该方法需要配制基础油、0.300%标准油。其中基础油配制参照 GB/T 7602.1—2008《变压器油、汽轮机油中 T501 抗氧化剂含量测定法　第 1 部分：分光光度法》中基础油的配置方法。

0.300%标准油配制方法为：准确称取 T501 抗氧剂 0.3g（称准至 0.000 1g），加热至不高于 70℃的条件下，溶于 99.70g 基础油，即可制成 0.300% T501 标准油。标准油避光保存在棕色瓶中，可以使用 3 个月。

（4）GB/T 7602.3—2008《红外光谱法》测定方法中溶液的配制。

该标准中的方法与 SH/T 0802—2007《红外光谱法》测定方法原理相似，需要配制基础油和一系列标准油，配制方法参见 GB/T 7602.1—2008。

5. 油泥（油泥析出）测定所需溶液的配制

电力用油中油泥、油泥析出、正戊烷不溶物测定均按 GB/T 8926—2012《在用的润滑油不溶物测定法》进行。该方法需要配制甲苯-乙醇溶液、正戊烷-凝聚剂溶液，配制方法如下：

（1）甲苯-乙醇溶液配制。可由甲苯与 95%乙醇 1∶1 等体积混合而成。

（2）正戊烷-凝聚剂溶液配制。将 50mL 正丁基二乙醇胺和 50mL 异丙醇加入 1L 正戊烷溶剂中混合而成。

6. 水分测定所用溶液的配制

汽轮机油新油验收测定方法有 GB/T 11133—2015《石油产品、润滑油和添加剂中水含量测定法·卡尔费休库仑滴定法》、GB/T 7600—2014《运行中变压器油和汽轮机油水分含量测定法（库仑法）》和 SH/T 0207—2010《绝缘液中水含量的测定卡尔·费休电量滴定法》。以上三个标准均采用卡尔·费休试验进行电解水分测定，不同之处是水分标定方法不同。其他种类油的验收均采用 GB/T 7600—2014 作为试验标准。

上述测定方法均采用卡尔·费休试剂（该试剂有较强毒性与腐蚀性），现市售相应卡尔·费休试剂满足使用要求，无须配制。其中，GB/T 11133—2015 和 GB/T 7600—2014 没有试剂配制要求。

（1）GB/T 7600—2014 中卡氏溶液的配制。

1）吡啶-二氧化硫溶液的配制。在 250mL 干燥洗气瓶缓慢通入二氧化硫至冷浴中冷却的

140mL 吡啶中，大约 30min，直至洗气瓶增重（30±1）g 为止。

2）甲醇-碘溶液的配制。在 500mL 干燥的棕色瓶中加入 157mL 无水甲醇和 15.1g 碘，充分摇动使其完全溶解。

3）阳极液的配制。三氯甲烷 34%、四氯化碳 3%、甲醇-碘溶液 22%、吡啶-二氧化硫溶液 21%、乙二醇 20%（按体积百分数计）注入干燥的棕色瓶内，充分混合摇匀。封好瓶口，标明配制日期，放入干燥器内，稳定 24h 后使用。

4）阴极液。甲醇-碘溶液 35%、四氯化碳 26%、吡啶-二氧化硫溶液 21%、乙二醇 26%（按体积百分数计）注入干燥的棕色瓶内，充分混合摇匀。封好瓶口，标明配制日期，放入干燥器内，稳定 24h 后使用。

（2）SH/T 0207—2010 中试剂配制方法。

1）卡氏试剂。可用市售试剂，也可参考 GB/T 7600—1987 配制。

2）水饱和正辛醇（标定液）。在 25℃下向正辛醇中加入水至混合物形成两相，下层水相深度不小于 2cm，充分混合后在室温下静置三天以上达到完全平衡（溶液在静置后不能再摇动或使两相混合），使用时吸取上层溶液并立即注入滴定池。

7. 糠醛测定所用溶液的配制

变压器新油验收按照 NB/SH/T 0812—2010《矿物绝缘油中 2-糠醛及相关组分测定法》测定糠醛的含量，运行中变压器则按照 DL/T 1355—2014《变压器油中糠醛含量的测定 液相色谱法》测定糠醛的含量。两种方法均需要配制糠醛标准溶液。

（1）NB/SH/T 0812—2010 中糠醛标准溶液的配制。

1）储备溶液的制备。取五种标准物质 5-羟甲基-2-糠醛、2-糠醇、2-糠醛、2-乙基呋喃、5-甲基-2-糠醛各 0.025g，溶解在 25mL 甲苯中（浓度为 1000mg/L）。储备溶液应保存在棕色瓶中，并置于阴暗处，有效期 3 个月。

2）标准溶液的制备。在称量好的矿物绝缘油中溶解一定量的储备溶液，制备所需浓度的标准溶液（如 0.5、1.0、5、10mg/kg）保存在棕色玻璃中并置于阴暗处。

（2）DL/T 1355—2014 中糠醛标准溶液的配制。

1）糠醛甲醇标准溶液的制备。称取 0.500 0g 经过蒸馏的糠醛，移入 500mL 容量瓶中，用甲醇稀释至刻度并使糠醛均匀溶解，该储备液浓度为 1000mg/L。用移液管分别吸取浓度为 1000mg/L 的储备液 0.1、0.5、1.0mL 并用甲醇稀释至刻度，摇匀，溶液浓度分别为 0.2、1.0、2.0mg/L。

2）标准油样的制备。称取 0.500 0g 经过蒸馏的糠醛，移入 500mL 容量瓶中，用空白油稀释至刻度并使糠醛均匀溶解，该储备液浓度为 1000mg/L。用移液管分别吸取浓度为 1000mg/L 的储备液 5mL 并用空白油稀释至 500mL，该溶液浓度为 10mg/L。分别吸取浓度为 10mg/L 标准油样 1.00、2.00、3.00、4.00、5.00mL 至一组 100mL 用的容量瓶，用空白油样稀释至刻度，浓度分别为 0.10、0.20、0.30、0.40、0.50mg/L。

8. 稠环芳烃测定所用溶液的配制

变压器新油验收采用 NB/SH/T 0838—2010《未使用过的润滑油基础油及无沥青质石油馏分中稠环芳烃（PCA）含量的测定 二甲基亚砜萃取折光指数法》测定稠环芳烃的含量。该方法用二甲基亚砜萃取油样，用盐类水稀释萃取物后，再用环己烷萃取。除去溶剂后，称量 PCA 残留物质量，测定折光指数，确定残留物的芳构性。该方法需要配制的溶液有环己烷处理过的二甲基亚砜、4%盐水。

（1）环己烷处理过的二甲基亚砜处理方法。在最低温度为 21℃时，将 900mL 的二甲基亚砜和 70mL 环己烷在分液漏斗中振荡，直到下层完全透明后进行分离，将下层放出并仅贮存在严格密闭、配有丝扣聚四氟乙烯盖子的深色玻璃瓶中。

（2）4%盐水配制处理方法。在 2kg 水中溶解 80g 氯化钠，配成质量分数 4%的盐水。

9. 多氯联苯测定所用溶液的配制

变压器新油验收采用 SH/T 0803—2007《未使用过的润滑油基础油及无沥青质石油馏分中稠环芳烃（PCA）含量的测定 二甲基亚砜萃取折光指数法》测定多氯联苯的含量。

10. 二苄基二硫醚（DBDS）测定所用溶液的配制

检测二苄基二硫醚通常采用 GB/T 32508—2016《绝缘油中腐蚀性硫（二苄基二硫醚）定量检测方法》进行测试。该方法在离心管中称取一定量的样品和内标溶液母液，加入甲醇振荡萃取、离心分离，取上层清液注入气质联用仪分析 DBDS 的含量。结果用浓度（mg/kg）表示。该方法需要配制 DBDS 标准溶液母液、DPDS（二苯基二硫醚）内标溶液母液、标准溶液。

（1）DBDS 标准溶液母液配制方法。将一定量的 DBDS 溶解在空白油中，加热至 40℃充分搅拌，配制成浓度为 500mg/kg 的标准溶液母液。标准溶液母液应密封保存在棕色瓶中并置于阴暗处，溶液保存期 3 个月。

（2）DPDS 内标溶液母液配制方法。将一定量的 DPDS 溶解在异辛烷，加热至 40℃充分搅拌，配制成浓度为 50mg/kg 的内标溶液母液。内标溶液母液应密封保存在棕色瓶中并置于阴暗处，溶液保存期为 3 个月。

（3）DBDS 与 DPDS 内标的响应值和浓度比例建立标准曲线标定用标准溶液配制方法。在称量好的空白油（称准至 0.01g）中分别加入一定量的 DBDS 标准溶液母液和 DPDS 内标溶液母液，制备所需浓度的标准溶液，保存在棕色瓶中并置于阴暗处。5～600mg/kg 浓度的标准溶液配制比例，见表 2-3。

表 2-3　DBDS 与 DPDS 内标的响应值和浓度比例建立标准曲线标定用标准溶液的配置

序　号	标准溶液浓度比 DBDS/DPDS C_s/C_{is}	DBDS 标准溶液母液 （1000mg/kg）加入量 （g）	空白油加入量 （g）	DPDS 内标溶液母液 （500mg/kg）加入量 （g）
1	5/50	0.1	17.9	2.0
2	50/50	1.0	17.0	2.0
3	100/50	2.0	16.0	2.0
4	300/50	6.0	12.0	2.0
5	600/50	12.0	6.0	2.0

（4）样品测试过程标定用标准溶液配制方法为：

在称量好的空白油中分别加入一定量的 DBDS 标准溶液母液和 DPDS 内标溶液母液，制备所需浓度的标准溶液，称准至 0.01g，保存在棕色瓶中并置于阴暗处。5～600mg/kg 浓度的标准溶液配制比例，见表 2-4。

表 2-4　　　　　　　　　　　　样品测试过程标定用标准溶液的配置

序　号	标准溶液浓度 DBDS C_s/C_{is}	DBDS 标准溶液母液 （1000mg/kg）加入量 （g）	空白油加入量 （g）
1	5	0.1	19.9
2	50	1.0	19.0
3	100	2.0	18.0
4	300	6.0	14.0
5	600	12.0	8.0

11. 液相锈蚀测定试验中所用溶液的配制

液相锈蚀采用 GB/T 11143—2008《加抑制剂矿物油在水存在下防锈性能试验法》中的方法进行试验。该方法需要配制合成海水，其组成见表 2-5。

表 2-5　　　　　　　　　　　　　　合成海水的组成

合成海水的成分	质量浓度（g/L）
氯化钠（NaCl）	24.54
氯化镁（$MgCl_2 \cdot 6H_2O$）	11.10
硫酸钠（Na_2SO_4）	4.09
氯化钙（$CaCl_2$）	1.16
氯化钾（KCl）	0.69
碳酸氢钠（$NaHCO_3$）	0.20
溴化钾（KBr）	0.10
硼酸（H_3BO_3）	0.03
氯化锶（$SrCl_2 \cdot 6H_2O$）	0.04
氟化钠（NaF）	0.003

（1）基础溶液的配制。合成海水需要配制 1 号和 2 号基础溶液。

1）1 号基础溶液配制方法。称取氯化镁（$MgCl_2 \cdot 6H_2O$）1110g、无水氯化钙（$CaCl_2$）116g、氯化锶（$SrCl_2 \cdot 6H_2O$）4g，溶解到 1L 蒸馏水中，充分搅拌溶解后，稀释到 2L。

2）2 号基础溶液配制方法。称取氯化钾（KCl）69g、碳酸氢钠（NaHCO₃）20g、溴化钾（KBr）10g、硼酸（H₃BO₃）3g、氟化钠（NaF）0.3g，溶解到 500mL 蒸馏水中，充分搅拌溶解后，稀释到 1L。

（2）合成海水配制。将 245.4g 氯化钠（NaCl）和 40.94g 硫酸钠（Na₂SO₄）溶解于 2L 蒸馏水中，加入 200mL 的 1 号基础溶液和 100mL 的 2 号基础溶液，稀释到 10L，进行搅拌，再加入 0.05mol/L 碳酸钠溶液（Na₂CO₃），直到 pH 值为 7.8～8.2（约需碳酸钠溶液 1～2mL）。

12. 旋转氧弹值测定试验中所用溶液的配制

旋转氧弹值采用 SH/T 0193—2008《润滑油氧化安定性的测定 旋转氧弹法》中的方法进行测定，需要配制 1%氢氧化钾醇溶液。方法为，将 12g 氢氧化钾溶解于 1L 异丙醇溶液中。

13. 氯含量测定试验中所用溶液的配制

氯含量采用 DL/T 433—2015《抗燃油中氯含量的测定 氧弹法》和 DL/T 1206—2013《磷酸酯抗燃油氯含量的测定 高温燃烧微库仑法》中的方法进行测定。

（1）DL/T 433—2015 方法中所用溶液的配制。

1）二苯偶氮碳酰肼（二苯卡巴腙）指示剂：取二苯偶氮碳酰肼（属于刺激性物质，注意做好口鼻眼防护）0.5g（称准至 0.01g），溶于 100g 无水乙醇中，转移至滴瓶使用。二苯偶氮碳酰肼（二苯卡巴腙）指示剂使用时间不超过 3 个月。

2）溴酚蓝指示剂：称取溴酚蓝 0.1g（称准至 0.01g），溶于 100g 无水乙醇中，转移至滴瓶使用，即可得到溴酚蓝指示剂。

3）氯化钠标准溶液：将基准氯化钠在 105℃烘箱中烘干 2h，放置在玻璃干燥器中冷却 0.5h 后，称取 1.168 8g 于 100mL 烧杯中。加少量蒸馏水溶解后，转移到 1000mL 容量瓶中，用蒸馏水稀释至刻度，即可得到 0.02mol/L 氯化钠标准溶液。取 0.02mol/L 氯化钠标准溶液 50mL，放入 1000mL 容量瓶，稀释至 1000mL，即可得到 0.001mol/L 氯化钠标准溶液。

4）硝酸汞标准溶液配制按下列步骤进行：

a. 0.001mol/L 硝酸汞标准溶液制备。将 3.44g 硝酸汞溶于 500mL 浓度为 0.1mol/L 硝酸溶液中，静置 24h，过滤后用水稀释至 1000mL。

b. 0.0006mol/L 硝酸汞标准溶液制备。取 0.001mol/L 硝酸汞标准溶液 60mL，用水稀释至 1000mL。用 0.001mol/L 氯化钠标准溶液进行标定。

c. 标定过程。取 0.001mol/L 氯化钠标准溶液 25mL，加入溴酚蓝指示剂 3 滴，此时溶液呈蓝色。用 0.1mol/L 硝酸中和至呈黄色，继续加入硝酸至氯化钠标准溶液的 pH 值为 3～4，再加入二苯偶氮碳酰肼（二苯卡巴腙）指示剂约 0.5mL。用待标定硝酸汞标准溶液滴定至氯化钠标准溶液呈淡红色，记录消耗的硝酸汞标准溶液的体积 V_1，准确至 0.01mL。用试验用水替代氯化钠标准溶液做空白试验。记录空白试验消耗的硝酸汞标准溶液体积 V_0，准确至 0.01mL。硝酸汞浓度 $C=25×0.001/[2(V_1-V_0)]$。

（2）DL/T 1206—2013《磷酸酯抗燃油氯含量的测定 高温燃烧微库仑法》方法中所用溶液电解液配制方法为：用 300mL 电导率不大于 0.1μS/cm 的纯水和 700mL 分析纯冰乙酸混合制成。

14. 六氟化硫指标测定溶液的配制

GB/T 12022—2014《工业六氟化硫》中规定了六氟化硫新气验收试验方法。其中需要配制的溶液包括测量酸度、可水解氟化物的溶液和矿物油标准溶液。

（1）酸度测定所用溶液的配制。

1）氢氧化钠标准溶液：取 0.1mol/L 氢氧化钠溶液［配制方法见本节运行油中水溶性酸（碱）值部分］，稀释至 0.01mol/L。

2）硫酸标准滴定溶液：取 0.1mol/L 硫酸溶液（配制方法见 GB/T 601—2016 中 4.3 硫酸标准滴定溶液），稀释至 0.01mol/L。

3）甲基红乙醇溶液：准确称取 0.20g 甲基红，溶于 95％乙醇，用 95％乙醇稀释至 100mL。

4）溴甲酚绿乙醇溶液：准确称取 0.10g 溴甲酚绿，溶于 95％乙醇，用 95％乙醇稀释至 100mL。

5）混合指示剂：甲基红乙醇溶液和溴甲酚绿乙醇溶液按 1∶3 体积比混合。

（2）可水解氟化物测定所用溶液的配制。

1）盐酸溶液（体积比 1∶5）：将 1 体积浓盐酸（分析纯，相对密度 1.19）与 5 体积蒸馏水混合，摇匀。

2）盐酸溶液（体积比 1∶119）：将 1 体积浓盐酸（分析纯，相对密度 1.19）与 119 体积蒸馏水混合，摇匀。

3）0.1mol/L 氢氧化钠溶液：配制方法见本节运行油中水溶性酸（碱）值部分。

4）200g/L 乙酸铵溶液。称取 20.0g 乙酸铵，溶解于少量水中，转移至 100mL 容量瓶中，摇匀。

5）冰乙酸溶液：将 6 体积冰乙酸（98％）与 94 体积蒸馏水混合，摇匀。

6）0.01mg/L 氟离子标准溶液配制方法如下：

称 2.210g（精确到±0.000 1g）干燥氟化钠溶于 50mL 去离子水及 1mL 的 0.1mol/L 氢氧化钠溶液中，然后再定量地移至 1000mL 的容量瓶中，最后用去离子水稀释至刻度，即可得到氟离子储备液（1mg/mL）。当天需要时，取氟化钠储备液按体积稀释 100 倍，即可得到 0.01mg/L 氟离子标准溶液。所有氟离子溶液均贮存于塑料瓶中。

另一种配制方法：移取 10mL 氟离子标准溶液（市售 0.1mg/L）于 100mL 容量瓶中，稀释至刻度，使用前临时配制，贮存于塑料瓶中。

7）显色剂：在 100mL 烧杯中加入 5mL 水、0.13mL 氯水（质量分数 25％）、1mL 乙酸铵溶液，再加入准确称量的 0.048g 茜素络合指示剂（市售茜素氟蓝）。在 250mL 棕色容量瓶中加入 8.2g 无水乙酸钠，用 100mL 冰乙酸溶液溶解。将烧杯中的溶液滤入此容量瓶中，用少量水洗涤滤纸，再加 100mL 丙酮。在另一个烧杯中加入准确称量的 0.041g 氧化镧和 2.5mL 盐酸溶液（体积比 1∶119），微热溶解。冷却后并入容量瓶中，用水稀释至刻度。此显色剂保存于低温暗处，使用期为一个月。

（3）矿物油标准溶液：称取 0.1g 压缩机油（矿物油，工业品，32 号或其他牌号）（称准至 0.000 2g），用四氯化碳定量转移到 500mL 容量瓶中，并用四氯化碳稀释至刻度，即可得到 200mg/L 矿物油标准溶液。可根据需要，用移液管量取 200mg/L 的标准溶液 5、10、25、50mL，再用四氯化碳分别稀释至 100mL，配制成 10mg/L、20mg/L、50mg/L、100mg/L 的矿物油标准溶液。

第三节　实验室常用分析操作

一、酸碱滴定

(一) 酸碱质子理论

经典酸碱电离理论认为，凡是溶于水能电离生成氢离子（H^+）的化合物称为酸，能电离生成氢氧根离子（OH^-）的化合物称为碱，酸碱中和则生成盐和水。不过，这一理论有一定的局限性，即只适用于水溶液，不适用于非水溶液。随着人们对于具有酸碱性质物质的不断认识，为了便于把水溶液和非水溶液中的酸碱平衡问题统一起来考虑，提出了酸碱质子理论。

酸碱质子理论认为，凡是能给出质子（H^+）的物质是酸，能接受质子的物质为碱。一种酸给出质子后，剩下的酸根具有接受质子的趋势，因而是一种碱。同理，一种碱接受质子后，其生成物具有给出质子的趋势，这就是酸。酸与碱的这种关系可简单表示为

$$酸（HB）\Leftrightarrow 碱（B）＋质子（H^+）\tag{2-7}$$

这种因质子得失而互相转变的每一对酸碱，称为共轭酸碱对。

一种酸给出质子后所余下的部分即是该酸的共轭碱；一种碱接受质子后即成为该碱的共轭酸。上例中的 B 是 HB 的共轭碱，而 HB 是 B 的共轭酸，HB 与 B 是一对共轭酸碱对。由此可见，按照质子理论，酸碱可以是中性分子，也可以是阳离子或阴离子。

(二) 酸碱指示剂

酸碱滴定法需要解决的关键问题是确定反应的终点，通常采用加入一种在理论终点附近能发生颜色变化的物质——酸碱指示剂的方法来指示反应终点。常用的酸碱指示剂一般是弱的有机酸或有机碱，当溶液的 pH 值改变时，指示剂失去质子，由酸转变成共轭碱，或得到质子由碱转变成共轭酸。指示剂在结构上发生了变化，从而发生颜色的变化，由此可以判断滴定反应的终点。

例如，甲基橙是一种弱的有机碱，它在溶液中存在着如图 2-12 所示的平衡。

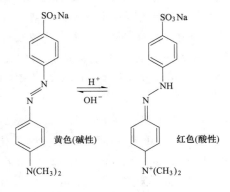

图 2-12　甲基橙变色原理

在碱性溶液中，甲基橙以黄色偶氮式形式存在；在酸性溶液中，甲基橙以红色双极离子形式存在。

酚酞是无色的二元弱酸，在溶液中存在如图 2-13 所示的平衡。

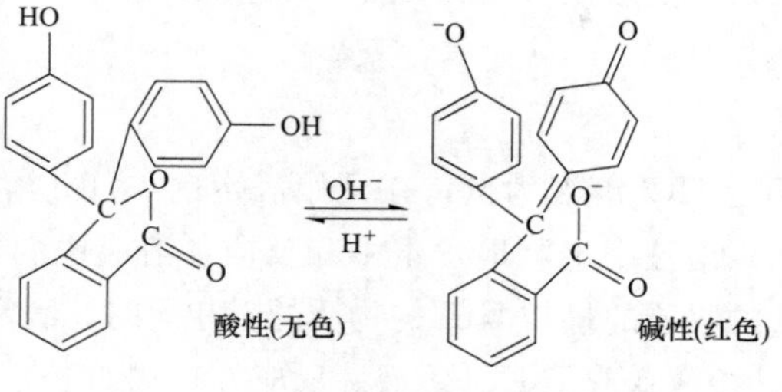

图 2-13　酚酞变色原理

酚酞在酸性溶液中无色，在碱性溶液中呈红色。酚酞究竟显示哪种颜色，主要取决于溶液的酸度。当溶液的 pH 值增加时，平衡向右移动，红色离子增加，红色加深。当溶液的 pH 值降低时，平衡向左移动，红色减少。

显然，酸碱指示剂会随着 H^+ 离子浓度的不同而改变其颜色，但指示剂变色时的具体 pH 值是多少，对酸碱滴定十分重要。只有知道了指示剂变色的 pH 条件，才能用它指示滴定终点。根据实际测定，当溶液的 pH 值小于 3.1 时甲基橙为红色，溶液的 pH 值大于 4.4 时甲基橙为黄色，从 pH 值 3.1 到 4.4 为甲基橙逐渐由红色变为黄色的过程，此过程称为甲基橙的变色范围。当溶液的 pH 值小于 8.0 时酚酞呈无色，溶液的 pH 值大于 10 时酚酞为红色，酚酞的变色范围为 pH 值 8.0～10。同理，当溶液的 pH 值小于 4.0 时溴甲酚绿为黄色，溶液的 pH 值大于 5.6 时溴甲酚绿为蓝色，变色范围为 pH 值为 4.0 到 5.6；当溶液的 pH 值小于 9.4 时碱兰 6B 为紫色，溶液的 pH 值大于 14 时碱兰 6B 为粉红色，其变色范围为 pH 值为 9.4 到 14。

综上所述，酸碱指示剂的颜色随着 pH 值的变化而改变，形成一个变色范围，而且各种指示剂的变色范围的幅度也各不相同，一般不大于 2 个 pH 单位，也不小于 1 个 pH 单位。由于指示剂具有一定的变色范围，只有在酸碱滴定的理论终点附近具有较大的 pH 值改变时，指示剂才从一种颜色变为另一种颜色，故在酸碱滴定中必须选用合适的指示剂。

此外，滴定溶液中指示剂加入量的多少也会影响变色的敏锐程度。指示剂适当少加，变色会更明显。而且，指示剂本身又是弱酸或弱碱，过量加入指示剂会改变溶液的实际酸碱度，从而引起误差。

（三）酸碱滴定曲线

酸碱滴定曲线描述的是滴定过程中溶液 pH 值的变化，反映理论终点及其附近的 pH 值有无变化及突变的大小，并依此来解决指示剂的选择问题。

当 ［H^+］ 小于 1mol/L 时，为了使用方便，常用氢离子浓度的负对数即 $-\lg[H^+]$ 来表示溶液的酸度，称为 pH 值，即 pH＝ $-\lg[H^+]$。例如，H^+ 离子浓度为 0.1mol/L 即 10^{-1}mol/L 时，则 pH＝$-\lg10^{-1}$＝1；H^+ 离子浓度为 0.0001mol/L 即 10^{-4}mol/L 时，则 pH＝$-\lg10^{-4}$＝4。pH＝7 时溶液呈中性，此时 $C[H^+]＝C[OH^-]＝10^{-7}$mol/L。pH＜7 时，溶液呈酸性，即 $C[H^+]>$

10^{-7} mol/L。pH 值越小表明 H^+ 浓度愈大，酸性愈强。pH>7 时，溶液呈碱性，即 $C[H^+]<10^{-7}$ mol/L，pH 值愈大表明 $C[OH^-]$ 愈大，碱性愈强。

在酸碱滴定过程中，H^+ 浓度变化很大。而 pH 值改变一个单位相当于 H^+ 浓度改变 10 倍，仅是从 0 到 14 的变化。因此，在绘制滴定曲线时，常用 pH 值来表示酸碱滴定过程中酸度的变化。

1. 强碱滴定强酸

以用 KOH 标准溶液滴定 HCl 溶液为例，在开始滴定前，HCl 溶液呈强酸性，pH 值很低。随着 KOH 溶液的不断加入，溶液中不断地发生中和反应，溶液中的 H^+ 浓度不断降低，pH 值逐渐升高。当加入的 KOH 的物质的量与 HCl 的物质的量相等时，滴定到达理论终点，中和反应恰好进行完全，原来的 HCl 溶液变成了 KCl 溶液。反应方程式如下

$$KOH + HCl = KCl + H_2O \qquad (2\text{-}8)$$

如果在滴定到达理论终点后，再继续加入 KOH 溶液，溶液中就存在过量的 KOH，OH^- 浓度不断升高，pH 值不断上升。

在这个滴定过程中，溶液的 pH 值是不断升高的。从下面的实例可看出滴定过程中溶液 pH 值的具体变化规律。

若用 0.100 0mol/L 的 KOH 溶液滴定 20.00mL 0.100 0mol/L 的 HCl 溶液，则滴定过程中溶液 pH 值的变化情况如下：

(1) 滴定开始前，溶液的 pH 值取决于 HCl 溶液的原始浓度：$C[H^+]$ 为 0.100 0mol/L 即 pH=1.00。

(2) 滴定开始至到达理论终点前，溶液的 pH 值取决于剩余 HCl 溶液的体积。

例如：当加入 18.00mL KOH 溶液时，溶液中 90% 的酸被中和了，还剩余 0.100 0mol/L 的 HCl 溶液 2.00mL，溶液总体积为 38.00mL，即 $C[H^+]=2.00\times0.100\ 0/38.00$ mol/L=0.005 26mol/L，pH=2.28。

用同样的方法可计算滴入 KOH 溶液 19.80、19.98、20.20、22.00 和 40.00mL 时溶液的 pH 值，计算结果见表 2-6。

表 2-6 氢氧化钾溶液滴定盐酸溶液时体系的 pH 值变化

V (KOH) (mL)	HCl 被滴定比例 (%)	$C(H^+)$ (mol/L)	pH 值
0.00	0.00	1.00×10^{-1}	1.00
18.00	90.00	5.26×10^{-3}	2.28
19.80	99.00	5.02×10^{-4}	3.30
19.98	99.90	5.00×10^{-5}	4.30
20.00	100.00	1.00×10^{-7}	7.00
20.02	100.10	2.00×10^{-10}	9.70

续表

V（KOH）（mL）	HCl 被滴定比例（%）	C（H$^+$）（mol/L）	pH 值
20.20	101.00	2.01×10^{-11}	10.70
22.00	110.00	2.10×10^{-12}	11.68
40.00	200.00	5.00×10^{-13}	12.52

以 KOH 溶液的加入量为横坐标，溶液的 pH 值为纵坐标，绘制关系曲线，则得如图 2-13 所示的曲线，这种曲线即为滴定曲线。

从表 2-5 和图 2-14 可以看出，在整个滴定过程中，pH 值的变化是不稳定的。滴定开始时，溶液的 pH 值升高十分缓慢，这是由于溶液中存在着较多的盐酸，此时若要使 pH 值增加一个单位，即将溶液中的 H$^+$ 浓度降低至原来的十分之一，需要加入约 18mL 的 KOH 溶液。此后若要再使 H$^+$ 浓度降低至原来的十分之一，则只需加入 1.80mL KOH 溶液就够了。由此可见，溶液中酸的含量愈少，则由于加入碱而引起 pH 值的改变也愈显著。

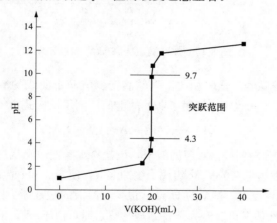

图 2-14 强碱滴定强酸的滴定曲线

当滴定到溶液中只剩下 0.02mL（约半滴）HCl 溶液的 pH 值为 4.30，如果再加入 1 滴（0.04mL）KOH 溶液，不仅将剩余的 0.02mLHCl 中和，而且还多了 0.02mL KOH 溶液，此时溶液的 pH 值为 9.70。由此可见一滴之差就使溶液的 pH 值由 4.30 突然升至 9.70，增加 5 个多 pH 单位，在滴定曲线出现了一段垂直线，这称为理论终点附近的"pH 突跃"，指示剂的选择主要以此突跃为依据。甲基橙、酚酞等许多酸碱指示剂的变色范围都处在这一 pH 突跃范围内，即在理论终点附近一滴 KOH 溶液之差就能使这些指示剂变色。因此，在此情况下，以指示剂变色点来指示理论终点不会产生太大误差。

例如用甲基橙作指示剂，滴定到甲基橙由红色变为黄色时，溶液的 pH 值约为 4.4，滴定终点处在理论终点之前，KOH 少用了一些，但不超过 0.02mL。

用酚酞作指示剂，酚酞由无色变为浅粉红色时，pH＞8.0，滴定终点超过理论终点，KOH 多用了一些，但也不超过 0.02mL。

由上述可知，滴定终点与理论终点并不一致，但只要指示剂的变色范围处于或部分处于理论终点附近 pH 突跃之内，由此而产生的误差能符合滴定分析的要求。

2. 强碱滴定弱酸

同理，强碱滴定弱酸（含有机弱酸）也可绘出滴定曲线，如图 2-15 所示。该图是用 0.100 0mol/L 的 KOH 溶液滴定 20.00mL 的 0.100 0mol/L 醋酸（HAc）时所绘制的滴定曲线。

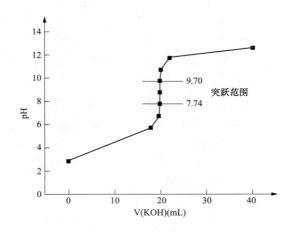

图 2-15　强碱滴定弱酸的滴定曲线

由图 2-15 看出，与强碱滴定强酸相比，强碱滴定弱酸滴定曲线的 pH 突跃范围较小，这是由于滴定过程中产生的同离子效应，抑制了弱酸的电离。离子反应式为

$$OH^- + HAc \rightarrow Ac^- + H_2O \tag{2-9}$$

同时，溶液中 Ac^- 是强碱弱酸盐对应的酸根，该盐易水解使以上反应平衡向左移动，使溶液 pH 值升高，与溶液中未发生电离的 HAc 组成了缓冲溶液，使溶液 pH 值的上升缓慢，滴定曲线较为平坦。在接近理论滴定终点时，剩余的 HAc 已很少，溶液的缓冲能力逐渐减弱，随着 KOH 溶液的不断滴入，溶液的 pH 值又迅速升高。直到理论终点时，由于 HAc 的浓度急剧减小，溶液的 pH 值发生突变。根据计算，这时理论终点的 pH 值不是 7.0 而是 8.72，即理论终点处在碱性范围。在理论终点附近，一滴 KOH 之差产生的 pH 突跃范围为 7.74~9.70，在这个滴定中应选用酚酞作指示剂，而不能用甲基橙指示剂，这是因为甲基橙的变色 pH 值不在此突跃范围之内。

同理，可以用强酸滴定强碱或弱碱，但滴定过程中体系的 pH 变化曲线的形状相反。

二、萃取分离

萃取，又称溶剂萃取或液液萃取，是分离或提纯有机化合物的常用方法，具体是指两个完全不互溶或部分互溶的液相接触后，一个液相中的溶质经过物理或者化学作用进入另一个液相，或在两相中重新分配的过程。在化学分析中，常使用有机溶剂从水溶液中萃取有机物质，而通常把水从有机相中萃取水溶性物质的过程称为反萃取。

（一）萃取在油气分析中的应用

在油质分析中，水溶性酸（碱）和酸值的测定就是应用萃取分离法进行的。测定油中水溶性酸（碱）是在一定温度下用与油不混溶的水作溶剂，利用新油中残存的可溶于水的矿物酸碱或运行油产生的低分子有机酸在水、油两相中溶解度的差异，通过振荡、放置分层后，将水溶性酸（或碱）从油中萃取出来，再用比色法或酸度计进行测定。与之类似，抗氧化剂 T501（2,6-二叔丁基对甲酚）和糠醛含量的测定，就是采用甲醇作为萃取剂，将其从油中萃取出来，再用液相色谱仪进行测定。

（二）萃取的基本原理

以从水溶液中萃取有机物质为例，在含有有机物 i 的水溶液中加入有机溶剂 S 萃取时，有机物 i 就在两种液相间进行分配。一定温度下，有机物 i 在有机溶剂 S 中和在水相中浓度之比为一常数。

物质 i 在萃取平衡时两相间的分配比 $K_{D,i}$ 按照下式计算

$$K_{D,\ i}=w_{i,\ org}/w_{i,\ aq} \tag{2-10}$$

式中　$w_{i,org}$——物质 i 在有机相 S 中的质量分数；

　　　$w_{i,aq}$——物质 i 在水相中的质量分数。

由此可见，$K_{D,i}$ 值愈大，萃取效果愈好。有机物质在有机溶剂中的溶解度一般比在水中的溶解度大，因而可将其从水中萃取出来。但是，一次萃取通常不可能将全部有机物质都转移到有机相中去，需要反复进行多次萃取，尽可能萃取完全。

三、库仑滴定

库仑滴定法是根据电解过程中消耗的电量求得被测物质的含量，也称为电量分析法或库仑分析法。电量的测量可以非常准确，因而库仑分析法的测量准确度很高，对纯物质或微量杂质的分析都有很好的效果。

1. 基本原理

库仑滴定法的理论基础是法拉第电解定律，它揭示了电解时电极上析出物质的量与通过电解池电量之间的严格定量关系，包括两个子定律。

第一，电流通过电解质溶液时，电极反应产物的质量与通过的电量成正比，这是法拉第第一定律，可表示为

$$m=KQ=KIt \tag{2-11}$$

式中　m——表示在电极上析出物质的质量，g；

　　　Q——通过的电量，C；

　　　K——电化学当量比例常数；

　　　I——电解电流强度，A；

　　　t——电解时间，s。

第二，相同的电量通过各种不同的电解质溶液时，每个电极上电极反应产物的质量同它们的摩尔质量成正比，这是法拉第第二定律。根据法拉第第二定律，相同的电量通过不同的电解质溶液时，电解产物的物质的量相等，即要电解得到 1mol 的任何物质所需要的电量是相同的。

由于每摩尔电子含有电子（e）的个数为 N_A，每个电子所带的电量即元电荷的电量 e = 1.602 177 33×10^{-19}C。因此，可按下式计算出每摩尔电子所带的电量为

$$N_A \times e = 6.022\ 136\ 7 \times 10^{23}\ mol^{-1} \times 1.602\ 177\ 33 \times 10^{-19}C = 96\ 485.309C \cdot mol^{-1}$$

$$(2-12)$$

$F = N_A \times e = 96\ 485.309C \cdot mol^{-1}$ 称为法拉第常数，它表示每摩尔电子的电量。在一般计算中，可近似取 $F = 96\ 500C \cdot mol^{-1}$。

2. 库仑分析法的分类和特点

库仑分析的电解过程有控制电位的电解过程和控制电流的电解过程两类，故可分为恒电位库仑分析法和恒电流库仑滴定法。

（1）控制（恒）电位库仑分析法是用控制电极电位的方法进行电解，并用库仑计或作图法测定电解时所消耗的电量，计算出电极上起反应的被测物质的量。

（2）控制（恒）电流库仑分析法（库仑滴定）是以通入恒定电流进行电解，通过电极反应产生滴定剂，与被测物发生化学计量反应，用指示剂或电化学方法确定终点。通过测量电极和电解时间计算电量，进而计算被测物质的量。

库仑分析法的特点是电量可以精确测量，方法准确度高，可测微量组分，但反应时不能同时有其他电解反应，且电流效率要符合误差要求。

3. 库仑滴定法的应用

（1）在油气分析测试中，库仑法用于油中微量水分的测定。

（2）在环境分析测试中，库仑法用于标准物质的纯度测定，废气中 NO_x、H_2S 分析，大气中 SO_2、总氧化物分析以及水的 COD 测定等。此外，库仑检测器已广泛用于离子色谱仪、液相色谱仪等，不仅可分析多种无机离子，而且可分析有机污染物。

四、分光光度法和比色分析

（一）分光光度法和比色分析法

分光光度法是通过测定被测物质在特定波长处或一定波长范围内光的吸光度或发光强度，对该物质进行定性和定量分析的方法。波长的测量范围一般包括波长范围为 200～400nm 的紫外光区，400～760nm 的可见光区和 2.5～25μm 的红外光区。其中，检测波长在 400～760nm 的可见光区时，可采用直接比较溶液颜色的深浅来测定溶液中有色物质浓度的测定方法，又称为比色分析法。在电力用油气分析中，油的酸碱度就是采用比色分析方法进行的。

这类方法具有快速、简便、灵敏等特点，许多用滴定分析法无法测定的微量组分，用比色分析法或分光光度分析法可以很方便地加以测定。

（二）分光光度法的基本原理

1. 物质对光的选择吸收

溶液呈何种颜色与该溶液中的溶质对光的选择性吸收有关。

当一束白光（混合光）通过某溶液时，如各种波长的光都不被溶液所吸收，说明各种颜色的

光透过程度相同，则溶液是无色透明液；反之，溶液若对各种波长的光全部吸收，则溶液是黑色；如果溶液只选择性地吸收某种波长的光，溶液则会呈现出被吸收波长的互补色。在比色分析时，所选用的比色光的波长就是溶液颜色的互补色对应的波长。

2. 光的吸收定律

有色溶液对光的吸收强弱，与该溶液的浓度、液层的厚度及入射光的波长和强度有关，当入射光的波长和强度恒定时，光吸收遵守以下定律：

(1) 郎伯定律：当溶液的浓度不变时，溶液吸收光的强弱与液层厚度成正比。

(2) 比耳定律：当液层厚度不变时，溶液吸收光的强弱与浓度成正比。

这两条定律合在一起即是物质对光的吸收定律，称为郎伯-比耳定律，即溶液对光吸收的程度与液层厚度和溶液浓度的乘积成正比关系，可用下式表示

$$A = -\lg(I/I_0) = -\lg T = \varepsilon bc \tag{2-13}$$

式中　A——吸光度，即溶液对光吸收的程度；

　　　I_0——入射光强度；

　　　I——透射光强度；

　　　b——液层厚度，cm；

　　　c——溶液浓度，mol/L；

　　　ε——比例常数，L/(cm·mol) 称为摩尔吸光系数。

ε 表示物质浓度为 1mol/L 和液层厚度为 1cm 时溶液的吸光度。ε 值越大，表示该物质对该波长光的吸收能力越大，它的颜色越深，显色反应也就越灵敏。由实验测得某种有色溶液的吸光度后，即可计算该物质的 ε 值。

可见，吸光度 A 与溶液的浓度成正比，在比色分析和分光光度分析工作中，一般将液层厚度保持不变，因而测得的吸光度 A 只与溶液浓度 C 相关。在测定样品前，先准备好一系列不同浓度的标准溶液，显色后分别测其吸光度，绘出浓度 C 与吸光度 A 之间的关系曲线作为工作曲线。当吸光度 A 与溶液的浓度符合郎伯-比耳定律时，此关系曲线为一直线，然后在相同条件下测得试液的吸光度，即可从工作曲线上查得待测液的浓度 C。

3. 分光光度计的工作原理

分光光度计的工作原理如图 2-16 所示，光源发射连续光谱，通过激发单色器形成测试所需的两束平行的单色光，两束光分别经过样品检测池与参比池，由发射单色器对两束透射光进行比较，并经过光电倍增器将光信号转化为电信号进行放大，再传输给计算机进行数据处理。

(三) 分析方法比较

1. 目视比色法

根据上述原理，用眼睛观察、比较溶液颜色的深浅，以测定物质含量或溶液浓度的方法称为目视比色法。这种方法是在相同条件下将试液与配好的标准色系列进行比较，得出试验结果。目视比色法的缺点是有主观误差、准确度不高，标准色系列配制较费时间；其优点是设备简单、快速方便。

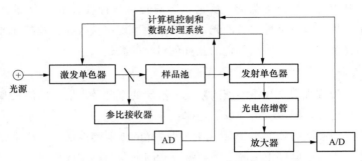

图 2-16 分光光度计的工作原理

2. 光电比色法

利用光电池或光电管测量透射光的强度（I），从而测定有色溶液的吸光度及其浓度的方法叫做光电比色法。由于硒光电池在使用中易出现疲劳现象等缺点，目前电力部门油化验室已逐渐改为用分光光度计测量。

3. 分光光度计法

分光光度计法是利用分光光度计来进行测定的光的程度，它与光电比色计的区别就在于分光光度计是利用单色器来获得所需的单色光。单色器一般由棱镜和狭缝或光栅构成。利用单色器可获得波长范围较窄的单色光，调节单色器可连续改变单色光的波长，测量有色溶液对不同波长光线的吸光度，从而可绘制被测物质的吸收曲线。

第四节　常用分析检验仪器的基本操作

一、天平的使用

（一）天平室规则

天平室的规则包括：

（1）保持天平室内的干净整洁，除称量所需的药品、样品、仪器及记录本外，不得将其他物品带入室内，进入天平室应穿鞋套或更换经处理的无尘鞋。

（2）天平必须按规定时间由专业人员进行送检与校验。必须使用指定的天平和砝码进行称量，用同一架天平完成全部测定。砝码是成套的，不能把一套中的一个砝码与另一套中的交换。

（3）要求称量精确到万分之一克时，才需使用分析天平，一般粗略的称量不应使用分析天平。

（4）室内保持干燥，光线充足，避免天平两侧温度不同，防止震动。

（5）天平用完后，应立即恢复原状，经检点砝码无误后及时将砝码保存在原处。

（6）不得在天平室内打开装有腐蚀性气体（如浓盐酸、浓硝酸、氨水等）或挥发性固体（如碘、萘、苯酚等）的试剂瓶或称量瓶。如需称量这种物质，不得在天平室内进行。

（二）天平的使用规则

天平是一种根据杠杆原理制成的精确称量仪器，以托盘天平为例，其结构如图 2-17 所示。

托盘天平的精确度不高，一般为 0.1 或 0.2g，荷载有 100、200、500、1000g 等。

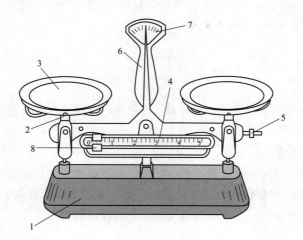

图 2-17　托盘天平结构示意图

1—底盘；2—托盘架；3—托盘；4—标尺；5—平衡螺母；
6—指针；7—分度盘；8—游码

在使用托盘天平进行称量时应遵守下列规则：

（1）轻轻取下天平罩，折叠好后放在天平箱的右后方。

（2）称量时，使用人员必须面对天平正中端坐。

（3）称量前应依次检查待称量物体的温度与天平箱温度是否相同，天平箱内是否清洁，天平位置是否水平及天平各部是否都处在应有位置。如不符合以上要求应及时采取措施。

（4）测定天平零点，零星应在标尺中央左右一小格范围内。

（5）称量时应遵守下列规则：

1）分别由左边门及右边门取放称量物及砝码。

2）称量的样品都不得直接放在天平盘上称量，而应放在清洁干燥的容器中，最合适的容器是称量瓶。

3）砝码盒必须放在天平右边的台面上。必须用镊子按大小依次取换砝码。将最大的砝码放在盘的正中，小砝码放在大砝码周围，片码应按大小顺序排列在砝码前面。一切砝码及片码都不准反置、倒置或重叠。砝码和片码在砝码盒内都有固定存放位置，使用时不能错放。

4）应用右手持砝码盒所配置的专用镊子取放砝码，绝对禁止用手直接取放砝码。

5）加减砝码或片码时，必须使分析天平梁托完全升起。使用有自动加砝码装置的天平时，应轻轻转动刻度盘。

6）称量到最后阶段，砝码及片码已调正好，而在增减游码时，天平箱门均应关闭，以免指针摆动受空气流动的影响。

7）称量结果应立即记录在记录本上，不得记在其他地方。

8）所称物品不得超过天平的最大载荷量。

（6）称量后应注意：

1）在记录称量结果时，应根据砝码盒内的空穴将质量记下，然后将砝码依次放回并同时核对记录的质量值。游码钩回原处。

2）检查天平梁是否架起，检查是否有物品遗留在天平盘上或天平箱内。

3）关闭天平箱门和电源，盖好天平罩。

（三）称量方法

1. 直接称量法

此法是把要称量的物体（如烧杯、蒸发皿、坩埚等）直接放在天平左盘上，然后在右盘上加砝码直接称量。

2. 递减称量法（差减法）

称量前将称量的物质（如试样或基准物质）置于称量瓶中，先称出它们的重量，然后按如图2-18所示过程，倒出试验所需重量的试样，最后再称一次，取两次质量之差即为倒出试样的质量。此法适宜称量那些易吸湿、易氧化及易与二氧化碳反应的物质。

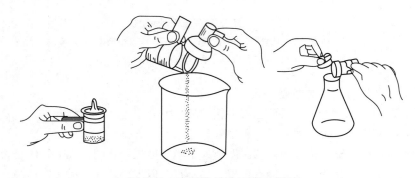

图 2-18　递减称量法过程示意图

3. 固定质量法

常用于配制一定浓度的标准液和固定量试样。例如欲配制 250mL 的 0.100 0mol/L 邻苯二甲酸氢钾标准溶液时，可称取 5.106g 邻苯二甲酸氢钾基准物。称量时在左盘放一表面皿，右盘加入砝码使之平衡，然后再在右盘增加 5.10g 砝码，游码放在比原来增加 6.0mg 处，然后在左盘器皿内慢慢加入试剂直至平衡为止。

（四）电子分析天平

电子分析天平（如图 2-19 所示）具有全自动故障检测、外置砝码、自动校准、全部线性四点校准、超载保护等多种应用程序，以其操作简单、称量准确可靠等优点，迅速在工业生产、科研、贸易等方面得到广泛应用。但因电子天平的计量性能经过一段时间的使用后可能发生变化，国家规定对其性能应进行定期检定。

二、微水分析仪的使用

微水分析仪是采用卡尔费休水分测定法结合库伦滴定，对电力用油中的微量水进行定量分析的电化学方法，该方法是被公认为准确性最高的微水测定方法。微量水分测定仪如图 2-20 所示。

图 2-19　电子天平

图 2-20　微量水分测定仪

（一）基本原理

卡尔费休库仑法测定水分是一种电化学方法。其原理是：在仪器电解池中的卡氏试剂达到平衡时注入含水的样品，水参与碘、二氧化硫的氧化还原反应，在吡啶和甲醇存在的情况下，生成氢碘酸吡啶和甲基硫酸吡啶，反应消耗了的碘在阳极重新产生，从而使氧化还原反应不断进行，直至水分消耗完全。依据法拉第电解定律，电解产生碘是同电解时耗用的电量成正比例关系的。

1. 卡尔费休反应

其反应如下

$$H_2O+I_2+SO_2+3C_5H_5N \rightarrow 2C_5H_5N \cdot HI+C_5H_5N \cdot SO_3 \tag{2-14}$$

$$C_5H_5N \cdot SO_3+CH_3OH \rightarrow C_5H_5N \cdot HSO_4CH_3 \tag{2-15}$$

2. 电极反应

在电解过程中，电极反应如下

阳极：
$$2I^- -2e \rightarrow I_2 \tag{2-16}$$

阴极：
$$I_2+2e \rightarrow 2I^- \tag{2-17}$$

$$2H^+ +2e \rightarrow H_2 \uparrow \tag{2-18}$$

3. 测定原理

由式（2-12）可以看出，1mol 的碘氧化 1mol 的二氧化硫，需要 1mol 的水。根据法拉第电解定律，1mol 碘与 1mol 水的当量反应，即电解碘的电量相当于电解水的电量，电解 1mol 碘需要 $2 \times 96\,493$ 库仑电量，电解 1mmol 水需要电量为 96 493 毫库仑电量。计量反应所消耗的电量，由此计算出样品中的水含量。

（二）操作方法

（1）打开仪器电源，按下磁力搅拌按键，使磁力搅拌器电机运转。

（2）按下滴定按键，将电解池中存在的残余水分进行电解。若电解液显示过碘，注入适量含水甲醇或纯水，此时电解液颜色逐渐变浅，最后当溶液呈黄色时再进行电解。

（3）当仪器达到初始平衡状态而且比较稳定时，按下启动键，用 $0.5\,\mu L$ 进样器抽取 $0.1\,\mu L$ 蒸馏水或除盐水（或用已知含水量的标样），通过电解池上部的进样口注入电解池，对仪器进行校正。仪器显示毫库仑数与理论值的相对误差不应超过 $\pm 5\%$，如果超出此范围，应调整电流补偿器。当连续三次进样测量值都达到要求值后，才能认为仪器调整完毕。

（4）仪器调整平衡后，用进样器抽取油样，再排掉，润洗三次后准确量取 1mL 油样（若油样含水量低，可以增加进样量）。

（5）按下启动键，油样通过电解池上部的进样口注入电解池。此时，自动电解至终点，记录数据。同一试验至少重复操作两次以上，取平均值为最终结果。

（三）注意事项

（1）试验用卡氏试剂的配制和电解液的组成比例必须严格按照试验规程（GB 7600—2014）进行。

（2）磁力搅拌速度应适中，否则会影响测试数据的稳定性。

（3）应注意电解液和试样的密封性。试验所用卡氏试剂极易吸水，应防止在测试过程中空气中的水汽进入。

（4）在测试过程中有时会出现过终点现象，这是由于空气中的氧气进入电解池氧化电解液中的碘造成的，会使测试结果偏低。

三、pH 计的使用

pH 计是采用电位分析法测定液体介质酸碱度的仪器，其结构如图 2-21 所示：

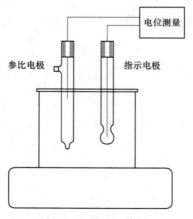

图 2-21　pH 计结构示意图

（一）基本原理

能斯特方程是用以定量描述离子 r_i 在 A、B 两体系间形成的扩散电位的方程表达式。对于任一电池反应，$aA + bB = cC = dD$，有

$$E = E^0 - \frac{RT}{nF} \ln \frac{[c]^c[D]^d}{[A]^a[B]^b} \qquad (2\text{-}19)$$

式中　E^0——标准电极电势，V；

　　　R——摩尔气体常数，8.314 5J·mol^{-1}·K^{-1}；

　　　T——温度，K；

　　　n——电极反应中电子转移数；

　　　F——法拉第常数，96 500C·mol^{-1}。

由能斯特（Nernst）方程（式 2-19）可知，在溶液中参与电极反应物质的活度或浓度与电极电位之间存在着一定的关系，通过测量电极电位可以测定被测物质的含量，这种分析方法就是电位分析法。电位分析法通常分为直接电位法和电位滴定法两类，前者是通过测量电极电位值直接测定，后者是通过电极电位的变化来确定终点进行滴定分析。pH 计就是采用直接电位法测定溶液的 pH 值，对于溶液中的 H^+，根据能斯特（Nernst）方程式，溶液中的 H^+ 的电位可按下式计算

$$E_{H2O/H2} = E^0 + \frac{RT}{nF} \ln[H_3O^+] \qquad (2\text{-}20)$$

在电位分析中，首先需要一支电极电位随待测离子活度不同而变化的电极，该电极称为指示电极。但单独一个电极的电位是无法测量的，必须在溶液中再插入一个电极，使之构成一个电池，再接上电位差计测得电池电动势，从而算出电极电位。为了测量和计算方便起见，后插入的电极其电极电位应稳定不变，以便作为电极电位测量中参考比较的标准，这样的电极称为参比电极。

1. 参比电极

各种电对的标准电极电位都是以标准氢电极的电极电位为零作为标准来求得的。如果用标准氢电极作参比电极与另一电极组成一个电池，则测得的电池的电动势，即为另一指示电极的电极电位。从理论上讲，用标准氢电极作参比电极最为理想，但实际应用中存在氢要净化、氢压力要控制、铂黑易中毒等困难。故一般不用标准氢电极作参比电极，而是常用甘汞电极等。

甘汞电极的构造如图 2-22 所示，它是由金属汞和 Hg_2Cl_2 及 KCl 溶液组成的电极，电极的内玻璃管中封接一根铂丝插入纯汞中，下层置一层甘汞（Hg_2Cl_2）和汞的糊状物，外玻璃管中装入 KCl 溶液，即构成甘汞电极。电极下端与待测溶液接触部分是熔结陶瓷或玻璃砂芯等多孔物质。

当温度一定时，甘汞电极的电极电位仅与电极中氯离子活度（或浓度）有关。不同浓度的 KCl 溶液可使甘汞电极的电位具有不同的恒定值，其规律是电极电位随 KCl 溶液浓度的增大而减小。当 KCl 溶液为饱和溶液时，这样的甘汞电极就是常用的饱和甘汞电极。25℃时饱和甘汞电极的电极电位－0.243 8V，温度改变时，

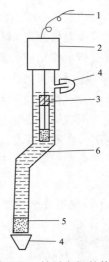

图 2-22　甘汞电极的构造

1—导线；2—绝缘体；

3—内部电极；4—橡皮帽；

5—多孔物质；6—饱和 KCl 溶液

电极的电极电位也随之改变。

2. 指示电极

在电位分析中，通常可将指示电极分为金属基电极和离子选择性电极两种。目前电力系统中常用的指示电极为离子选择性电极。该电极是一种具有敏感薄膜的电极，根据薄膜的特性，电极对某种离子敏感，则电极电位对溶液中某种离子有选择性地响应，即可用来测定该种离子。

3. pH 玻璃电极

玻璃电极的关键部分是位于电极底部由敏感玻璃制成的玻璃泡，玻璃泡中装有一定 pH 值的缓冲溶液作内参比溶液，其中插一支 Ag-AgCl 内参比电极。

玻璃电极在使用前必须浸泡一定时间。这是因为玻璃电极的球泡是一种特殊的玻璃膜，其厚度约为 $30 \sim 100$ pm，表面有一很薄的水合凝胶层，它只有在充分湿润的条件下才能与溶液中的 H^+ 离子有良好的响应。同时，玻璃电极经过浸泡，可以使不对称电势大大下降并趋向稳定。玻璃电极一般可以用蒸馏水或 pH=4 的缓冲溶液浸泡，通常使用 pH=4 的缓冲液浸泡效果更好一些，浸泡时间为 $8 \sim 24$h 或更长时间，具体根据球泡玻璃膜厚度、电极老化程度而不同。

经浸泡后的玻璃电极插入被测溶液中，如果被测溶液的 pH 值与玻璃电极中的内参比 HCl 溶液的 pH 值不同，则在玻璃膜内外侧之间就产生了一个电位差，这个电位差 E 称为膜电位。

根据能斯特方程式计算得知，在一定温度下，玻璃电极的膜电位 E 与试液的 pH 值呈线性关系

$$E = K - 0.059 \text{pH} \tag{2-21}$$

K 值则是由每支玻璃电极本身性质所决定的常数。因此，玻璃电极可作为 pH 值测定中的指示电极。由于玻璃膜两侧的表面受表面张力、机械损伤、化学侵蚀和表面沾污等因素的影响，会在膜两侧产生微小的不对称电位（电位差）。

用玻璃电极测定 pH 值的优点是其对 H^+ 有高度的选择性，浸泡后即可使用、响应快。玻璃电极起指示作用时，只发生离子交换，没有电子交换过程，不受溶液中氧化剂或还原性的影响，不易因受杂质的作用而中毒，能在有色溶液、胶体溶液和有深色沉淀的溶液中使用，也可作指示电极进行电位滴定。玻璃电极的缺点包括：膜极薄，易损坏；本身电阻高达数百兆欧，必须用高阻抗输入的电位差计（pH 计）才能进行测定；电极的电阻会随温度变化，一般在 $5 \sim 60℃$ 使用。在测定酸度过高（pH<1）和碱度过高（pH>9）的溶液中，其膜电位与 pH 值间的线性关系会发生偏离，使测定产生误差。因此，一般玻璃电极的适用范围是 pH 值在 $1 \sim 9$ 之间。

4. pH 复合电极

将 pH 玻璃电极和参比电极组合在一起的电极就是 pH 复合电极，其根据外壳材料的不同分塑壳和玻璃两种。相对于两个电极的体系而言，复合电极最大的优点就是使用方便。

pH 复合电极主要由电极球泡、玻璃支持杆、内参比电极、内参比溶液、外壳、外参比电极、

图 2-23 pH 复合电极

外参比溶液、液接界、电极帽、电极导线和插口等组成，外形如图 2-23 所示。

目前，实验室大多采用 pH 复合电极。

（二）pH 计的使用方法

1. pH 计的校准

pH 计在使用前应先采用两点校准法进行校准，校准过程中实验室的温度应维持在 25℃。校准按以下步骤进行：

（1）取下 pH 计电极的保护套，用蒸馏水清洗电极，并用滤纸将附在电极上的水分吸干。

（2）打开 pH 计电源，首先用 pH 值为 7 的标准缓冲溶液进行校准，然后根据待测溶液的酸碱性来选用第二种标准缓冲溶液：如果待测溶液呈酸性，则选用 pH 值为 4 的标准缓冲溶液进行校准；如果待测溶液呈碱性，则选用 pH 值为 9 的标准缓冲溶液进行校准。

2. 溶液 pH 值的测定

将 pH 计电极垂直插入被测溶液，轻轻地搅拌溶液待数值稳定后，读取显示值。使用完毕后，清洗 pH 计电极，关掉 pH 计电源，套上 pH 计电极的保护套。

（三）pH 计使用的注意事项

（1）pH 计电极不用时，可充分浸泡在氯化钾溶液中。切忌用洗涤液或其他吸水性试剂浸洗。

（2）使用前，检查玻璃电极前端的球泡。正常情况下，电极应该透明而无裂纹。球泡内要充满溶液，不能有气泡存在。

（3）测量浓度较大的溶液时，尽量缩短测量时间，用后仔细清洗，防止被测液黏附在电极上而污染电极。

（4）清洗电极后，不要用滤纸擦拭玻璃膜，而应用滤纸吸干，避免损坏玻璃薄膜、防止交叉污染，影响测量精度。

（5）测量中注意电极的银-氯化银内参比电极应浸入到球泡内氯化物缓冲溶液中，避免电计显示部分出现数字乱跳现象。

（6）pH 计不能用于强酸、强碱或其他腐蚀性溶液 pH 值的测量。

（7）严禁在脱水性介质如无水乙醇、重铬酸钾等溶液 pH 值的测量中使用 pH 计。

四、气相色谱仪的使用

气相色谱仪在石油、化工、生物化学、医药卫生、食品工业和环保等领域应用广泛。除用于定量和定性分析外，气相色谱仪还能测定样品在固定相上的分配系数、活度系数、分子量和比表面积等物理化学常数，是一种对混合气体中各组成分进行分析检测的常用仪器。变压器油中溶解气体分析和 SF_6 气体纯度与分解产物分析都需要用到气相色谱仪。

（一）气相色谱仪的结构

气相色谱仪是一种使用气体作为流动相的色谱分析仪，其基本结构如图 2-24 所示。

气相色谱（gas chromatography，简称 GC）诞生于 20 世纪 50 年代，是一种新的分离与分析

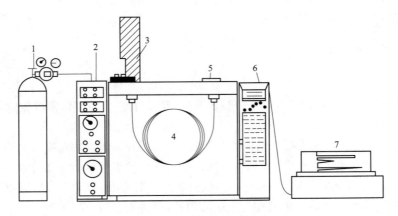

图 2-24　气相色谱仪基本结构示意图

1—气源；2—气路控制系统；3—进样系统；4—分离柱系统；5—检测系统；

6—控制系统；7—数据记录分析系统

技术，被广泛应用于工业、农业、国防、建设和科学研究中，主要是利用物质的沸点、极性及吸附性质的差异来实现混合物的分离，其分析基本流程如图 2-25 所示。

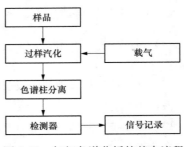

图 2-25　气相色谱分析的基本流程

　　样品在进样系统的汽化室中汽化，被载气带入色谱柱分离系统。样品中各组分与色谱柱固定相的吸附力不同而被分离，先后进入检测系统。检测器能够将样品组分转变为电信号，而电信号的大小与被测组分的量或浓度成正比，当将这些信号放大并记录下来时，就成为气相色谱图。

　　1. 进样系统

　　气相色谱的进样系统是将气体、液体或固体溶液试样引入色谱柱前瞬间气化、快速定量转入色谱柱的装置，它包括进样器和气化室两部分。常用的进样器有微量注射器和六通阀。在电力用油气分析中，通常采用针对气体样品的六通阀进样器，以隔绝空气避免其对样品的污染。

　　2. 载气系统

　　气相色谱仪的载气系统包括气源和气路控制系统。

　　（1）气源提供的气体一部分作为流动相所需的载气。载气一般为惰性气体，常见的载气包括氦气、氮气、氩气和氢气。另一部分作为检测系统如氢火焰离子化检测器（FID）的燃气和助燃气。

　　（2）气路控制系统将载气按照一定的比例和流量分配至进样系统和色谱分析系统，将燃气和助燃气输送至检测系统。

　　3. 色谱分离系统

　　气相色谱的色谱分离系统即指色谱柱。色谱柱按照材质种类可分为填充柱和毛细管柱，按照固定相的不同又可分为气固色谱和气液色谱。色谱柱的作用是利用样品中各组分在固定相上吸附力的不同，或在载气-液体之间分配系数的不同，进行组分分离。当多组分的混合样品进入色谱柱后，由于固定相对每个组分的吸附力不同，经过一定时间后，各组分在色谱柱中的运行速度也就不同：吸附力弱的组分容易被解吸下来，最先被载气带离色谱柱进入检测器；吸附力最强的组分最不容易被解吸下来，最后离开色谱柱。

4. 检测系统

气相色谱的检测系统即指检测器。可以使用的检测器有很多种，最常用的有氢火焰离子化检测器（FID）与热导检测器（TCD）。这两种检测器都对很多种分析成分有灵敏的响应，同时可以测定一个很大范围内的浓度。

（1）氢火焰离子化检测器（FID）。

氢火焰离子化检测器属于典型的质量型检测器，它具有很高的灵敏度，主要用于烃类等含氢有机物的微量及痕量检测。它是利用含氢有机物发生化学电离产生的正离子和电子在外加恒定直流电场的作用下分别向两极定向运动而产生的微电流进行检测分析的。FID 不能用来检测水。

（2）热导检测器（TCD）。

TCD 检测器是利用色谱柱分离后的气体组分与载气热传导率的不同，使检测器中的热敏元件温度发生变化，进而导致电阻发生变化，使得电桥不平衡，转化为电压信号，此信号的大小与被测气体组分的浓度成函数关系，经记录仪进行换算和记录。TCD 检测器属于通用性检测器，对各气体组分均有响应，结构简单，性能稳定，非常适宜做组分常量分析。但对响应相对较弱的组分，不适宜做微量分析或痕量分析。由于 TCD 的检测是非破坏性的，它可以与破坏性的 FID 串联使用（连接在 FID 之前），从而对同一分析物给出两个相互补充的分析信息。

（二）绝缘油中溶解气体组分含量的气相色谱测定法

参照 GB/T 17623—2017《绝缘油中溶解气体组分含量的气相色谱测定法》进行。

1. 取气

（1）贮气玻璃注射器的准备：取 5mL 玻璃注射器 A，抽取少量试油冲洗器筒内壁 1～2 次后，吸入约 0.5mL 试油，套上橡胶封帽，插入双头针头，针头垂直向上。将注射器内的空气和试油慢慢排出，使试油充满注射器内壁缝隙而不致残存空气。

（2）试油体积调节：将 100mL 玻璃注射器 B 中油样推出部分，准确调节注射器芯至 40.0mL 刻度（V_1），立即用橡胶封帽将注射器口密封。操作过程中应注意防止空气气泡进入油样注射器 B 内。

（3）加平衡载气：取 5mL 玻璃注射器 C，用氮气清洗 1～2 次，再抽取约 5.0mL 氮气缓慢注入有试油的注射器 B 内，如图 2-26 所示。

（4）振荡平衡：将注射器 B 放入恒温定时振荡器中，升温至 50℃后连续振荡 20min，然后静置 10min。

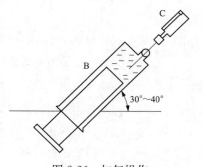

图 2-26 加气操作

（5）转移平衡气：将注射器 B 从振荡器中取出，并立即将其中的平衡气体通过双针头转移到注射器 A 内（注意：采用微正压法转移，避免吸入空气）。室温下放置 2min，准确读其体积

V_g（准确至 0.1mL），以备色谱分析用。

2. 仪器的标定

仪器的标定采用外标定量法。具体步骤为：打开标准气钢瓶阀门，吹扫减压阀中的残气；用 1mL 玻璃注射器 D 准确抽取已知各组分浓度 C_{is} 的标准混合气 1mL 进样标定；从得到的色谱图上计量各组分的峰面积 A_{is}（或峰高 h_{is}）。标定仪器应在仪器运行工况稳定且相同的条件下进行，两次相邻标定的重复性应在平均值的 1.5% 以内。每次试验前均应标定仪器，并至少重复操作两次，取平均值 $\overline{A}_{is}$。

3. 试样分析

试样分析的方法是：用 1mL 玻璃注射器 D 从注射器 A 内准确抽取样品气 1mL，进样分析；从得到的色谱图上计量各组分的峰面积 A_i；操作至少重复两次，取平均值 $\overline{A}_i$。注意，样品分析应与仪器标定使用同一支进样注射器，并取相同进样体积。

4. 结果计算

（1）样品气和油样体积的校正。

按式（2-22）和式（2-23）将在室温、试验压力下平衡的气样体积 V_g 和试油体积 V_l 分别校正为 50℃、试验压力下的体积

$$V'_g = V_g \times \frac{323}{273+t} \tag{2-22}$$

$$V'_l = V_l[1 + 0.000\,8 \times (50-t)] \tag{2-23}$$

式中　V'_g——50℃、试验压力下平衡气体体积，mL；

　　　V_g——室温 t、试验压力下平衡气体体积，mL；

　　　V'_l——50℃时的油样体积，mL；

　　　V_l——室温 t 时所取油样体积，℃；

　　　t——试验时的室温，℃；

　0.000 8——油的热膨胀系数，℃$^{-1}$。

（2）油中溶解气体各组分浓度按式（2-24）计算：

$$X_i = 0.929 \times \frac{P}{101.3} \times c_{is} \times \frac{\overline{A}_i}{\overline{A}_{is}} \left(K_i + \frac{V'_g}{V'_l} \right) \tag{2-24}$$

式中　X_i——101.3kPa、293K（20℃）时，油中溶解气体 i 组分浓度，μL/L；

　　　c_{is}——标准气中 i 组分浓度，μL/L；

　　　$\overline{A}_i$——样品气中 i 组分的平均峰面积，mVs；

　　　$\overline{A}_{is}$——标准气中 i 组分的平均峰面积，mVs；

　　　V'_g——50℃、试验压力下平衡气体体积，mL；

　　　V'_l——50℃时的油样体积，mL；

　　　P——试验时的大气压力，kPa；

　0.929——油样中溶解气体浓度从 50℃校正到 20℃时的温度校正系数。

式中的 $\overline{A}_i$、$\overline{A}_{is}$ 也可用平均峰高 $\overline{h}_i$、$\overline{h}_{is}$ 代替。

（三）注意事项

（1）进样操作要规范，注射器应垂直于进样口，并用左手扶着针头以防止其弯曲。进样操作时要求动作稳当、连贯、迅速。

（2）多次进样后，汽化室使用的硅橡胶密封垫片气密性会变差，容易发生漏气，一般进样 10～20 次后，应注意更换。

（3）使用 TCD 检测器时应注意：

1）开机前，先通载气并保持一定流量后，再接通电源，否则会导致钨丝或其他热敏元件烧毁；

2）TCD 检测器灵敏度与桥电流的三次方成正比，但桥电流也不可过高，否则会使基线不平、噪声变大；

3）仪器要注意防震。

（4）使用气相色谱仪应做到开机时先通气、后通电，关机时先断电、后断气。

（5）进样器在使用前后必须用丙酮洗净，以防止残余高沸点物质的污染。

五、红外光谱仪的使用

红外光谱仪是一种利用物质对不同波长的红外辐射的吸收特性进行分子结构和化学组成分析的仪器，被广泛应用于材料科学、高分子化学、煤结构研究、石油工业、生物化学、无机和配位化学等研究领域。红外光谱仪的应用主要在以下两个方面：一是用于分子结构的基础研究。应用红外光谱仪可以测定分子的键长、键角，以此推断出分子的立体构型；根据得到的力学常数可以判断化学键的强弱；由简正频率可计算热力学函数。二是用于物质的化学组成分析。根据光谱中吸收峰的位置和形状推断未知物结构，通过特征吸收峰的强度来测定混合物中各组分的含量。变压器油中结构族组成和 T501 抗氧化剂含量的测定都需要用到红外光谱仪，它已成为现代结构化学和分析化学中最常用和不可缺少的工具。

（一）红外光谱仪的工作原理

1. 红外光区的划分

红外光区是指位于 12 800～10 cm^{-1} 波数范围或 0.78～1000 μm 波长范围之间的光区。根据红外光谱的应用和使用仪器的不同，红外光区可分为近红外光区、中红外光区和远红外光区。

（1）近红外光区（泛频区 0.78～2.5 μm，12 800～4000 cm^{-1}）。主要是由低能电子跃迁、含氢官能团（O-H、N-H、C-H 等）伸缩振动的倍频和合频吸收产生。该区的光谱可用于研究稀土和其他过渡金属离子的化合物，也可用于水、醇、某些高分子化合物以及含氢官能团化合物的定量分析。

（2）中红外光区（基频振动区 2.5～25 μm，4000～400 cm^{-1}）。绝大多数有机化合物和无机离子的基频吸收出现在这一光区。由于基频振动是红外光谱中吸收最强的振动，因此该区是化合物鉴定的重要区域。通常，人们所说的红外光谱即特指这一区域。

（3）远红外光区（分子转动区 25～1000 μm，400～10 cm^{-1}）。主要由气体分子中的纯转动跃迁、振动-转动跃迁、液体和固体中重原子的伸缩振动、某些变角振动、骨架振动以及晶体中晶格振动所引起的。低频骨架振动能灵敏地反映结构变化，适用于异构体的研究。

2. 红外光谱

红外光谱又称分子振动转动光谱，属于分子吸收光谱。当样品受到频率连续变化的红外光照射时，分子选择性地吸收某些波数范围的辐射，引起偶极矩的变化，使分子振动和转动能级从基态跃迁至激发态，并使相应的透射光强度减弱。记录物质红外光的百分透过率 $T\%$ 与波数或波长关系的曲线（即 T-r 或 T-σ 曲线），就是红外光谱。

（1）产生红外吸收的条件。

①红外光应具有能满足物质产生振动跃迁所需的能量；②红外光与物质间有相互偶合作用，分子振动时，必须伴有瞬时偶极矩的变化，即分子显示红外活性。

（2）分子的振动与红外吸收。

1）双原子分子的振动。

若把双原子分子（A-B）的两个原子看成质量分别为 m_1 和 m_2 的两个小球，中间的化学键视作不计质量的弹簧，那么原子在平衡位置附近的伸缩振动可以近似地看成沿键轴方向的简谐振动。量子力学证明，分子振动的总能量 E 为

$$E = (\nu + 1/2)h\nu \tag{2-25}$$

$$\nu = 0, 1, 2, 3 \cdots$$

当分子发生 $\Delta\nu = 1$ 的振动能级跃迁时（由基态跃迁到第一激发态），根据胡克（Hooke）定律，其所吸收的红外光波数 σ 为

$$\sigma = \frac{1}{2\pi c}\sqrt{\frac{k}{\mu}} \tag{2-26}$$

$$\mu = \frac{m_1 m_2}{m_1 + m_2} \tag{2-27}$$

式中　h_0——普朗克常数；

　　　ν——振动频率，Hz；

　　　c——光速，3×10^8 cm/s；

　　　k——化学键力常数，N/cm；

　　　μ——两个原子的折合质量，g。

显然，振动频率 σ 与化学键力常数 k 成正比，与两个原子的折合质量 μ 成反比。不同化合物因 k 和 μ 不同，而具有各自的特征红外光谱。

2）多原子分子的振动。

多原子分子的振动可分为伸缩振动和弯曲振动两类。伸缩振动是指原子沿着键轴方向伸缩，使键长发生周期性变化的振动，一般出现在高波数区。弯曲振动是指基团键角发生周期性变化的振动或分子中某一原子团相对于分子内其余部分的运动。弯曲振动的化学键力常数比伸缩振动的小。因此，同一基团的弯曲振动在其伸缩振动的低频区出现。多原子的复杂振动数又叫分子的振动自由度，每一种振动形式都对应特定的振动频率，即具有相对应的红外吸收峰。分子振动的自由度数目越大，则在红外吸收光谱中出现的峰数也就越多。

（3）基团频率与分子结构关系。

物质的红外光谱是其分子结构的反映，红外光谱图中的吸收峰与分子中各基团的振动形式相对应。根据吸收峰的来源，通常可以将 $4000\sim400cm^{-1}$ 范围的红外光谱图分为特征频率区（$4000\sim1300cm^{-1}$）以及指纹区（$1300\sim400cm^{-1}$）两个区域。

1）特征频率区中的吸收峰基本是由基团的伸缩振动产生，数目不是很多，但具有很强的特征性，主要用于鉴定官能团。例如，羰基在酮、酸、酯或酰胺等化合物中，其伸缩振动总是在 $1700cm^{-1}$ 左右出现一个强吸收峰。如红外光谱图中 $1700cm^{-1}$ 左右处有一个强吸收峰，则大致可以断定分子中具有羰基。

2）指纹区的情况则不同，该区峰多而复杂，没有很强的特征性，主要是由一些单键 C—O、C—N 和 C—X（卤原子）等的伸缩振动，C—H、O—H 等含氢基团的弯曲振动以及 C—C 骨架振动产生。当分子结构稍有不同时，该区的红外吸收就会产生细微差异。这种情况就像每个人都具有不同的指纹一样，因此称为指纹区，指纹区适用于区别结构类似的化合物。

（4）主要有机基团红外振动特征频率：

1）饱和烃：$2800\sim3000cm^{-1}$，归属为—CH_3，—CH_2，—CH 中 C—H 的伸缩振动。

2）烯烃：$1650cm^{-1}$，归属为 C＝C 的伸缩振动。

3）炔烃：$2100cm^{-1}$，归属为 C≡C 的伸缩振动。

4）酮、醛、酸或酰胺中的羰基：$1700cm^{-1}$。

5）脂肪化合物中的—OH 的振动吸收：$3600\sim3700cm^{-1}$。

（二）红外光谱仪的组成

红外光谱仪通常由光源、吸收池、单色器、检测器和计算机处理信息系统组成。根据分光装置的不同，红外光谱仪可分为色散型和干涉型两种。其中，色散型光谱仪属单通道测量，分辨率、灵敏度不够高，扫描速率慢，是第一代和第二代光谱仪。自 20 世纪 70 年代开始，不需要单色器的干涉型傅里叶变换红外光谱仪逐渐取代了色散型光谱仪，仪器性能有了很大的提高，是第三代光谱仪。下面对色散型红外光谱仪和干涉型傅里叶变换红外光谱仪分别加以说明。

1. 色散型红外光谱仪

色散型红外光谱仪的基本结构如图 2-27 所示。由光源发出的光束对称地分为两束，一束为样品光束，透过样品池；另一束为参比光束，透过参比池。两束光经半圆扇形镜（又称斩光镜、斩波器）调制后进入单色器，再交替透射到检测器上。当两束光强度不等时，将在检测器上产生与光强差成正比的交流电压信号，该信号的电压经放大器放大、检波、变频及功率放大后推动平衡电机，带动位于参比光束中的减光器，使之向减小光强差的方向移动，直到两束光强度相等。同时，由平衡电机带动与减光器同步的记录器，即可描绘出物质的红外吸收光谱。

色散型红外光谱仪的重要组成部件包括：

（1）光源。能够发射高强度连续红外辐射的物质，通常采用惰性固体作光源，如 Nernst（能斯特）灯和硅碳棒。红外光谱仪上常用的光源见表 2-7。

（2）吸收池。吸收池的窗口一般用可透过红外光的盐类单晶制作，如 NaCl、KBr、CsI、KRS-5（TlI 58％，TlBr 42％）等。在实际操作中，要求吸收池保持恒湿环境，且试样应干燥，以免窗口吸潮模糊。

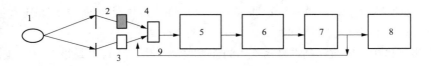

图 2-27　色散型红外光谱仪基本结构示意图

1—光源；2—样品池；3—参比池；4—扇形镜；5—单色器；
6—检测器；7—放大器；8—记录器；9—减光器

表 2-7 红外光谱仪的常用光源

名称	使用波长为范围（cm^{-1}）	工作温度（℃）	使用寿命（h）	结构
能斯特灯	5000～4000	1300～1700	2000	ZrO_2、ThO_2 等烧结而成，长 25mm，直径 1～2mm
硅碳棒	5000～400	1200～1500	1000	碳硅（SiC）烧成两端粗中间细的实心棒
炽热镍铬丝圈	5000～200	1100	—	陶瓷棒（ϕ3.5mm）外绕 25～30mm 的镍铬丝

（3）单色器。单色器由狭缝、准直镜和色散元件（光栅或棱镜）通过一定的排列方式组合而成，它的作用是将通过吸收池进入入射狭缝的复合光分解成为单色光照射到检测器上。早期的光谱仪多采用棱镜作为色散元件。棱镜由红外透光材料如氯化钠、溴化钾等盐片制成。由于盐片易吸湿而使棱镜表面的透光性变差，且盐片折射率随温度升高而降低，因此要求棱镜在恒温、恒湿条件下使用。近年来棱镜已逐渐被光栅所代替，用光栅作为单色器目前多采用分辨率高、价格便宜的复制闪耀光栅，但由于其存在级次光谱的干扰，通常要与滤光器或前置棱镜结合使用，以分离级次光谱。

（4）检测器。检测器的作用是将照射在它上面的红外光变成电信号。常用的红外检测器主要有真空热电偶、测辐射热计和气体检测计三种。此外还有可在常温下工作的硫酸三苷肽（TGS）热电检测器和只能在液氮温度下工作的碲镉汞（MCT）光电导检测器等。

（5）记录器。由检测器产生的微弱电信号经电子放大器放大后，由记录笔自动记录下来。

2. 干涉型傅里叶变换红外光谱仪

傅里叶变换红外光谱仪是基于对干涉后的红外光进行傅里叶变换的原理而开发的红外光谱仪，被称为第三代红外光谱仪，它与色散型光谱仪的主要区别在于用 Michelson（迈克尔孙）干涉仪取代了单色器。干涉仪的主要功能是使光源发出的光分为两束后，以不同的光程差重新组合，发生干涉现象。获得的干涉图包含光源的全部频率和强度信息，用计算机对其进行快速傅里叶变换，可以得到以波长或波数为函数的光谱图。傅里叶变换红外光谱仪的基本结构和工作流程图如图 2-28 所示。

（三）结构族组成的红外光谱测定法

参照 DL/T 929—2018《矿物绝缘油、润滑油结构族组成的测定 红外光谱法》进行。

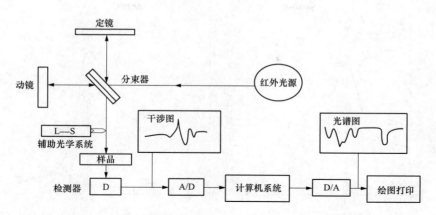

图 2-28 傅里叶变换红外光谱仪基本结构示意图

1. 调整仪器

按仪器说明书将红外分光光度计调整好。

2. 液池程长的测定

液池程长采用干涉条纹法测定。将可调或固定程长的空液池放在仪器的测定光路中扫描，扫描范围为 1900～600cm^{-1}，得到如图 2-29 所示的含有极大和极小值的规则的干涉条纹图。根据图上干涉条纹的个数和对应的波数代入式（2-28）即可计算出液池的程长

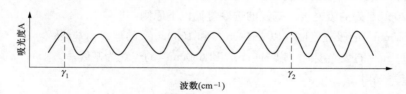

图 2-29 干涉条纹图

$$l = \frac{n}{2} \times \left(\frac{1}{\gamma_1 - \gamma_2} \right) \times 10 \tag{2-28}$$

式中　l——液池程长，mm；

　　n——干涉条纹的个数；

　γ_1——干涉条纹对应的高波数，cm^{-1}；

　γ_2——干涉条纹对应的低波数，cm^{-1}。

3. 油样的测定

（1）用 1ml 或 2ml 玻璃注射器，将被测油样小心注入液池，需注意此时液池中不得有大小气泡，否则要把油用吸耳球吹出重新注油。

（2）将注好被测油样的液池放在液池架上，使之处于测量光路位置。

（3）记录 1900～600cm^{-1} 的红外光谱图，如图 2-30 所示。

（4）将扫描完成的液池取下，用吸耳球将液池中的油样吹出，并用干净的注射器将四氯化碳

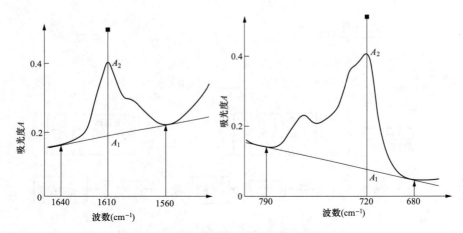

图 2-30　测定油样碳型组成的红外光谱图

溶剂注满液池（注意：针头不要碰到液池注样口上的油污），再用吸耳球将四氯化碳溶剂吹出。如此反复操作，直到液池内的油污全部清洗干净（注意池外的油污也应清洗干净），并将四氯化碳溶剂吹干为止。

（5）进行平行试验。

4．确定吸光度 $A_{1610cm^{-1}}$ 及 $A_{720cm^{-1}}$

从图 2-30 吸收谱带两翼的吸光度最小值点引一切线，作为吸收谱带的基线，以它来计算在 $1610cm^{-1}$ 和 $720cm^{-1}$ 处的吸光度。基线的选取遵循以下原则：

（a）求 $1610cm^{-1}$ 的吸光度时，以 $1640cm^{-1}$ 和 $1560cm^{-1}$ 的连线为基线；

（b）求 $720cm^{-1}$ 的吸光度时，以 $790cm^{-1}$ 和 $680cm^{-1}$ 的连线为基线。

5．测定结果的计算

（1）根据步骤 4 确定的基线从红外光谱图上分别求出 A_{1610} 和 A_{720}，并按下式计算

$$A_i = A_{i2} - A_{i1} \tag{2-29}$$

式中　A_i——波数为 i 时的吸光度；

　　　A_{i1}——波数为 i1 时的最小吸光度；

　　　A_{i2}——波数为 i2 时的最大吸光度。

（2）计算 C_A、C_P、C_N。

根据下列公式分别求出 C_A、C_P、C_N

$$C_A = 1.2 + 9.8 \frac{A_{max, 1610cm^{-1}}}{l} \tag{2-30}$$

$$C_P = 29.9 + 6.6 \frac{A_{max, 720cm^{-1}}}{l} \tag{2-31}$$

$$C_N = 100 - C_A - C_P \tag{2-32}$$

式中　C_A——油样中芳香碳的含量，%；

　　　C_P——油样中烷链碳的含量，%；

　　　C_N——油样中环烷碳的含量，%；

$A_{max,1610cm^{-1}}$——在波数 $1610cm^{-1}$ 的最大吸光度;

$A_{max,720cm^{-1}}$——在波数 $720cm^{-1}$ 的最大吸光度;

　　　l——液池长度,mm。

(四) T501 抗氧化剂含量的红外光谱测定法

参照 GB/T 7602.3—2008《变压器油、汽轮机油中 T501 抗氧化剂含量测定法 第 3 部分:红外光谱法》进行。

1. 基础油的制备

取变压器油或汽轮机油 1kg,加 100g 浓硫酸(小心操作),边加边搅拌 20min,然后加入 10~20g 干燥白土,继续搅拌 10min,沉淀后倾出澄清油。取 1kg 澄清油重复上述操作,用浓硫酸、白土再进行一次处理。将第二次处理后的澄清油加热至 70~80℃,再加入 100~150g 的干燥白土,搅拌 20min,沉淀后倾出澄清油。如此再用白土将此澄清油重复处理 1 次,沉淀后过滤,待用。

2. 检查基础油中是否含 T501 抗氧化剂

将两次加热、加白土处理所得的澄清油缓慢注满液体吸收池,并将其放在红外分光光度计的吸收架上,记录 $3800cm^{-1}$～$3500cm^{-1}$ 段的红外光谱图。若在 $3650cm^{-1}$ 处没有吸收峰,则认为 T501 已脱除干净,所得油即为基础油。否则,再进行酸、白土处理,直至将 T501 脱除干净为止。

3. 标准油的配制

称取 T501 抗氧化剂 1.0g(称准至 0.000 1g),将其加热至不高于 70℃,并溶于 199.0g 基础油中,制成含 0.50% T501 的标准油。此油避光保存于棕色瓶中,可以使用三个月。再称取此油 4.0、8.0、12.0、16.0g,分别溶于 16.0、12.0、8.0、4.0g 基础油中,得到 T501 含量分别为 0.1%、0.2%、0.3%、0.4% 的标准油。

4. 试样分析

(1) 标准曲线的绘制。

1) 用 1~2mL 的玻璃注射器,抽取标准油样,缓慢地注满液体吸收池。

2) 将注满标准油的液体吸收池放在红外分光光度计的吸收池架上,记录 3800～3500cm⁻¹ 段的红外光谱图(如图 2-31 所示),重复扫描三次。若三次扫描示值计算得到的吸光度 A 的最高值和最低值之差大于 0.010,需重新测定,否则取三次测定结果的算数平均值作为测定结果。

3) 记录完谱图后,将液体吸收池从吸收池架上取下,用吸耳球将吸收池中的油样吹出,并用四氯化碳溶剂将吸收池清洗干净。

4) 按 2) 的操作步骤分别测定含有 0.1%、0.2%、0.3%、0.4%T501 的标准油的红外光谱谱图。

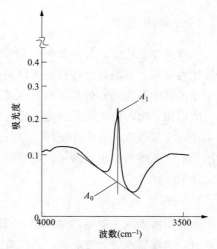

图 2-31　测定变压器油、汽轮机油中
T501 抗氧化剂含量的红外光谱图例

5）吸光度谱图：读取在 $3650cm^{-1}$ 处吸收峰的最大吸光度值 A_1（精确到 0.001），并以该谱图上相邻两峰谷的公切线作为该吸收峰的基线，过 A_1 点且垂直于横轴（波数）作一直线，与峰谷公切线相交的点即为 A_0。

$$A = A_1 - A_0 \tag{2-33}$$

式中　A——含有 T501 的油样的吸光度；

　　A_1——含有 T501 的油样的吸光度示值；

　　A_0——含有 T501 的油样基线的吸光度示值。

6）取两次平行试验结果的吸光度的算术平均值作为标准油样的 A 值。

7）绘制 A 值对 T501 含量的标准曲线。

（2）油样的测定。

1）用 1～2mL 玻璃注射器抽取油样，缓慢地注入与绘制标准曲线所用的同一个液体吸收池中。

2）在于绘制标准曲线完全相同的仪器条件下，按（1）中步骤 2）测定油样的吸光度，并按（1）中步骤 6）计算出油样的吸光度值。重复两次。

3）用求出的 A 值在标准曲线上查得 T501 的质量百分含量。

六、高效液相色谱仪的使用

高效液相色谱仪是一种以液体为流动相，采用高压输液系统，将具有不同极性的单一溶剂或不同比例的混合溶剂、缓冲液等流动相泵入装有固定相的色谱柱，在柱内各组分被分离后进入检测器进行检测，从而实现试样分析的仪器，其主要研究对象为高沸点化合物、难挥发及热不稳定的化合物和离子型化合物及高聚物等。变压器油中糠醛以及金属钝化剂含量的测定都需要用到高效液相色谱仪。

（一）工作原理

高效液相色谱仪的外形如图 2-32 所示，它主要利用混合物在液-固或不互溶的两种液体之间分配比的差异，对混合物进行分离检测。其工作的基本流程如图 2-33 所示。

储液器中的流动相被高压泵打入系统，样品溶液经进样器进入流动相，被流动相载入色谱柱（固定相）内。由于样品溶液中的各组分在两相中具有不同的分配系数，在两相中作相对运动时，经过反复多次的吸附-解吸的分配过程，各组分在移动速度上产生较大的差别，被分离成单个组分依次从柱内流出。通过检测器时，样品浓度被转换成电信号传送至记录仪，数据以图谱形式记录下来。

1. 高压输液系统

高压输液系统主要包括储液器、高压泵、梯度洗脱装置等。

（1）储液器一般为玻璃瓶，并配有溶剂过滤器，以防止流动相中的颗粒进入泵内。储液器位置要高于泵体。溶剂中溶解的氧、氮等溶解气体可能形成气泡进入检测器使噪声加剧，干扰检测器正常工作。因此，储液器通常还装有脱除这部分溶解气体的装置。

（2）高压输液系统的核心部件为高压泵，它是驱动溶剂和样品通过色谱柱和检测系统的高压

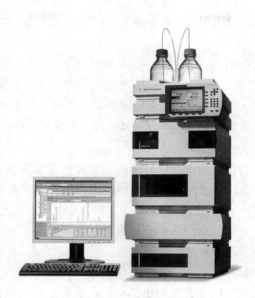

图 2-32　高效液相色谱仪的外形

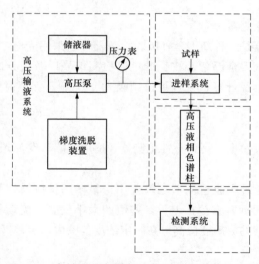

图 2-33　高效液相色谱仪工作的基本流程示意图

源。目前通用高效液相色谱仪高压泵的基本要求是：能提供 $(50 \sim 500) \times 10^5 \mathrm{Pa}$ 的柱前液压，输出无脉动恒定的液流，流速范围 $0.1 \sim 10 \mathrm{mL/min}$；流速稳定，流量可调节；系统组件耐腐蚀。

（3）梯度洗脱装置是利用两种或两种以上的溶剂，按照一定时间顺序连续或阶段性改变配比浓度，以逐步加强流动相的洗脱强度，提高分离效果的装置。

2. 进样系统

进样系统包含注射器进样装置和高压定量进样阀两部分。

（1）注射器进样装置。进样所用微量注射器及进样方式与气相色谱法相同，当进样压力超过 $150 \times 10^5 \mathrm{Pa}$ 时，必须采用停流进样。

（2）高压进样阀是目前广泛采用的一种进样方式，以六通进样阀最为常用。

3. 高压液相色谱柱

高压液相色谱柱是色谱分离的核心部件，也是色谱仪最重要的组件之一。高压液相色谱柱一般长度为 $10\sim30\mathrm{cm}$，内径为 $2\sim6\mathrm{mm}$，柱管由优质不锈钢、厚壁玻璃管或钛合金等材料制成，柱内填充有粒径为 5 或 $10\mu\mathrm{m}$ 的固定相。色谱柱保留某一化合物而不使其扩散的能力称为柱效。色谱柱填充情况的好坏对柱效影响很大，一般可通过减小填料粒度和色谱柱内径以提高柱效。

4. 检测系统

检测系统的作用是将从高压液相色谱柱流出物中样品组成和含量的变化转化为可供检测的信号，主要部件是检测器。常用检测器有紫外吸收检测器、光电二极管阵列检测器、荧光检测器、示差折光检测器、电化学检测器等。其中，紫外吸收检测器、荧光检测器、电化学检测器为选择型检测器，其响应值仅与被分离组分的物理或化学性质有关；光电二极管阵列检测器和示差折光检测器为通用型检测器，即对试样和流动相总的物理或化学性质有响应。

（1）紫外吸收（UV）检测器。

这是目前高压液相色谱仪使用最普遍的检测器，几乎所有高压液相色谱仪都有紫外吸收检测器。其作用原理是基于样品组分对特定波长紫外光的选择性吸收，样品组分浓度与吸光度的关系遵守朗伯-比尔定律。

（2）光电二极管阵列检测器。

光电二极管阵列检测器是一种新型紫外吸收检测器，它采用光电二极管阵列作为检测元件，构成多通道并行工作，可获得全部紫外波长的色谱检测信号以及组分的光谱定性信息。对每个洗脱组分进行光谱扫描后，经计算机处理可得到吸光度（A）、保留时间（t）和波长（λ）函数的三维光谱-色谱图。

（3）荧光检测器。

荧光检测器是一种高灵敏度、高选择性检测器，适用于能激发荧光的化合物。

（4）示差折光检测器。

示差折光检测器是除紫外吸收检测器之外应用得最多的检测器。其检测原理是溶质随流动相洗出形成的溶液与流动相折射率存在差异，差值的大小反映了流动相中溶质浓度，二者相差愈大，示差折光检测器检测的灵敏度愈高。在一定浓度范围内，示差折光检测器的输出信号与溶质的浓度成正比。

（5）电化学检测器。

电化学检测器基于电化学原理和物质的电化学性质进行检测，主要有安培检测器、极谱检测器及电导检测器几种类型，适用于测定具有电化学氧化还原性质及具有电导的化合物。

（二）糠醛含量的液相色谱测定法

参照 DL/T 1355—2014《变压器油中糠醛含量的测定 液相色谱法》进行。

1. 糠醛甲醇标准溶液的配置

称取 0.500 0g 经过蒸馏的糠醛，移入 500mL 容量瓶中，用甲醇稀释至刻度并使糠醛均匀溶解，即得到浓度为 1000mg/L 的储备液。用移液管分别吸取浓度为 1000mg/L 的储备液 0.1、0.5、1.0mL，移入 500mL 容量瓶，用甲醇稀释至刻度，摇匀，获得溶液浓度分别为 0.2、1.0、

2.0mg/L 的标准溶液。

2. 油中糠醛的萃取

（1）5mL 玻璃注射器的准备。取 5mL 医用玻璃注射器 2 支，用洗洁精清洗干净后，依次用自来水、除盐水、甲醇进行漂洗，然后套上橡胶封帽待用。

（2）将 100mL 玻璃注射器中的油样体积准确调节至 40.0mL 刻度，用（1）中准备好的一支 5.0mL 玻璃注射器向其内准确加入甲醇 5.0mL，将刻度调至 55.0mL，然后用橡胶封帽将 100mL 玻璃注射器出口密封。

（3）将（2）中的 100mL 玻璃注射器放入振荡器的托盘上，在室温状态下振荡 5min，然后静置 10min。

（4）将振荡平衡后的 100mL 玻璃注射器从托盘中取出，用 7 号针头将其中的甲醇萃取液转移到（2）中使用过的 5mL 玻璃注射器内。转移时，萃取液中不应有变压器油进入。

（5）将 5mL 玻璃注射器内的甲醇萃取液，经过 0.45μm 针头式油性滤膜过滤至（1）准备好的另一支 5mL 玻璃注射器内，以备色谱分析用。

3. 萃取液的分析

（1）按照液相色谱仪操作说明调整仪器，使仪器处于可用状态。

（2）将甲醇、除盐水加入相应的载液瓶中。

（3）调整色谱仪工作参数：流量 1mL/min，流动相比例为甲醇：水＝1：1，检测器波长 277nm，柱温 40℃。

4. 仪器的标定

（1）进样。色谱分析应采用 20μL 定量环进样。根据被测试样的糠醛含量范围，确定糠醛标准溶液浓度，当液相色谱测试系统处于稳定状态时，用 100μL 注射器吸取不少于 60μL 的选定浓度的标准溶液，注入定量环，向色谱系统进样。

（2）色谱冲洗。采用梯度冲洗。首先用 1：1 的甲醇水溶液冲洗 4min；待糠醛洗脱结束后再用纯甲醇冲洗 14min，洗脱出萃取液中的其他组分；最后再用 1：1 的甲醇水溶液冲洗 4min，使仪器处于重新进样的准备状态。

仪器应至少标定 2 次，2 次的重复性应在其平均值的 ±2％ 以内，取其平均值。

5. 样品的测试

按步骤 4.（1）和 4.（2）的操作方法对 2 中制备的甲醇萃取液进行色谱分析测试。

6. 油中糠醛检测结果的计算

应通过样品中组分峰的保留时间来识别糠醛组分，采用单点校正外标法进行定量计算。根据分配定律和物料平衡原理，油中糠醛含量应按式（2-34）计算

$$C_{油} = 0.19 h_{萃取} C_{标样} / h_{标样} \qquad (2\text{-}34)$$

式中　$C_{油}$——油中糠醛浓度，mg/L；

$h_{萃取}$——甲醇萃取液中糠醛峰高，mV；

$h_{标样}$——甲醇标样中糠醛峰高，mV；

$C_{标样}$——标样中糠醛浓度，mg/L。

（三）金属钝化剂含量的液相色谱测定法

金属钝化剂是能够在铜金属表面形成一层薄膜，阻止铜的催化活性和防止铜片与油中腐蚀性硫化物反应生成有害的硫化亚铜沉淀物的物质。常用的苯并三氮唑及其衍生物类金属钝化剂有三种，分别为 N-2（2-乙基己基）-氨甲基-甲基苯并三氮唑（TTAA）、苯并三氮唑（BTA）和5-甲基苯并三氮唑（TTA）。金属钝化剂含量的测定参照 DL/T 1459—2015《矿物绝缘油中金属钝化剂含量的测定 高效液相色谱法》进行。

1. 调节液相色谱仪，建立下列工作状况：

（1）流动相：甲醇：水的含量比应为 50：50 至 80：20（体积比）；

（2）流速为 0.5～1mL/min。

（3）紫外检测器应选择 260nm 波长进行检测。

2. 标定

（1）标准溶液母液的制备。

将一定量的 TTAA（或 TTA、BTA）溶解在空白油中配置成浓度为 1000mg/kg 的标准溶液母液 TTA、BTA 为固体，需要加热至 40℃充分搅拌，以保证全部溶解。标准溶液母液应保存在棕色瓶中并置于阴暗处，溶液至少应 3 个月更换一次。

（2）标准溶液的制备。

在称量好的空白油中加入一定量的标准溶液母液，制备浓度为 5、50、100、300、500mg/kg 的标准溶液，保存在棕色瓶中并置于阴暗处。

（3）标准溶液的前处理。

在 50mL 离心管中称取任一浓度的 20g 标准溶液，精确至 0.000 1g，加入 5mL 甲醇。塞紧管塞，水平放在机械振荡器上常温振荡 10min 后，在高速离心机中离心至甲醇和油两相完全分离（宜选用转速 4000r/min，时间 5min）。用注射器取出 2mL 上层清液，用针筒式滤膜过滤待用。

（4）标准曲线的建立。

按照第（3）步骤处理每个浓度标准溶液，取 10μL 处理好的不同浓度的标准溶液注入高效液相色谱仪分析，并根据响应值和浓度建立标准曲线。

标准曲线宜每 6 个月标定一次，日常分析可用已知浓度的样品定期检查方法的稳定性。

3. 样品的分析

（1）按照 2 中（3）的步骤进行样品前处理；

（2）取 10μL 处理好的样品注入高效液相色谱仪进行分析。

4. 结果计算

样品的 TTAA（或 TTA、BTA）浓度应按式（2-35）计算

$$C = \frac{R - m}{b} \tag{2-35}$$

式中 C——TTAA（或 TTA、BTA）浓度，mg/kg；

R——检测器对样品的响应值；

m——标准曲线 $y = bx + m$ 的截距；

b——标准曲线 $y = bx + m$ 的斜率。

七、气相色谱-质谱联用仪的使用

(一) 气质联用仪

气相色谱-质谱联用仪（Gas Chromatography-Mass Spectrometry，简称气质联用仪，英文缩写 GC-MS）是一种将气相色谱仪（GC）与质谱仪（MS）通过适当接口相结合，借助计算机技术进行联用分析的仪器。气质联用仪具有 GC 的高分辨率和 MS 的高灵敏度，广泛应用于复杂组分的分离与鉴定，是混合物中各组分定性定量检测的有效工具。绝缘油中腐蚀性硫（二苄基二硫醚）的含量可用气质联用仪进行测定。

气质联用仪的基本结构如图 2-34 所示。

图 2-34　气质联用仪的基本结构示意图

气质联用仪的基本流程如图 2-35 所示。主要包括气相色谱仪、GC-MS 接口、质谱仪（包括离子源、质量分析器、检测器）、计算机控制系统。复杂混合物试样各组分经气相色谱仪分离后，依次流入气相色谱仪与质谱仪器之间的接口装置，并顺序进入质谱系统。质谱仪分析检测后，按时序将测试数据传递给计算机系统并存储。

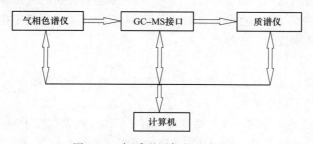

图 2-35　气质联用仪的基本流程

1. 气相色谱仪

气相色谱仪可看作是质谱仪的进样系统，待测样品在合适的色谱条件下被分离成单个组分，顺序进入质谱仪进行分析检测。联用气相色谱不但满足了质谱分析对样品单一性的要求，还能有效控制质谱的进样量，并减少对质谱仪的污染，极大提高了对混合物分离、定性、定量的检测效率。

2. GC-MS 接口

GC-MS 接口的作用是充当适配器，将色谱柱流出物中的载气尽可能除去，实现从大气压到真空之间的转换，并保留和浓缩待测物。理想的 GC-MS 接口应当能够除去全部载气，却不损失待测试样组分。目前，常用的接口主要可以分为以下三种：

（1）直接导入型接口。直接导入型接口是指色谱柱的流出物包括载气、试样等全部导入质谱的离子源。最常见、最简单的直接导入型接口是将毛细管气相色谱柱的末端直接插入质谱仪器的离子源内，色谱的流出物直接进入离子源。由于气相色谱的载气通常是惰性气体，难以发生电离，而待测试样却会形成带电粒子。带电粒子在电场作用下加速进入质量分析器，而载气由于不会受到电场的影响进入质量分析器，而是直接被真空泵抽走。接口的实际作用是支撑插入端毛细管，使其准确定位，以及保持温度避免色谱流出物冷凝。

（2）开口分流型接口。与直接导入型接口不同，在开口分流型接口中，仅有一部分色谱洗出物被送入质谱仪，其余部分直接排空或引入其他检测器中。开口分流型接口的工作原理为：气相色谱柱的一端插入接口，其出口端正对质谱仪器限流毛细管的入口，限流毛细管能承受 0.1MPa 的压降，与质谱仪真空泵的工作流量相匹配。色谱柱和限流毛细管外有一根充满氦气的外套管，当色谱仪流量大于质谱仪工作流量时，由于内部压力较大，氦气口被撑开，过多的色谱流出物随氦气流出接口；当色谱仪器流量小于质谱仪器工作流量时，内部压力低，氦气提供气流补充。

（3）喷射式分子分离器接口。喷射式分子分离器接口的工作原理为：气体在喷射过程中，相同速度的分子，因其质量不同所具有的动量不同，质量大的分子动量大，易于保持喷射方向的直线运动；质量小的分子动量小，易于偏离喷射方向。将色谱流出物接入喷射式分子分离器接口后，载气相对分子质量小，在喷射过程中偏离喷射方向，被真空泵抽走；试样相对分子质量大，沿喷射方向进入质谱的离子源系统，最终经离子化后检测。在此过程中试样与载气分离。因此，喷射式接口可被认为有利于浓缩试样，又称为浓缩型接口。

3. 质谱仪

质谱分析法是通过测定样品离子的质荷比（m/z）来进行分析的一种方法。被检测的样品首先要离子化，然后利用不同离子在电场或磁场中运动行为的不同，将离子按质荷比大小分离、依次排列而得到质谱。质谱仪的主要部件主要包括：

（1）离子源。

离子源的作用是将气化的样品分子电离，产生分子离子及碎片离子。离子源的主要类型有电子轰击离子（EI）源和化学电离（CI）源。

EI 源是应用最早也最广泛的一种电离方式，它主要由灯丝发射电子将气化的样品分子电离，产生丰富的碎片离子，其特点是：稳定可靠，提供了丰富的结构信息，在 70eV 下化合物可获得具有特征的指纹谱，同时有标准质谱图可以检索。EI 源是气质联用仪的标准配置。

CI 源在结构上与 EI 源没有很大差别，主要差别在于 CI 源工作过程中需要引入反应气（常用甲烷、异丁烷、氨气等）。它主要由灯丝发射的电子先将反应气电离产生反应离子，这些反应离子再与样品分子发生离子-分子反应，实现样品分子的电离。相对于电子轰击电离，化学电离是一种软电离方式，其特点是：电离能小、质谱峰数少、图谱简单，可获得样品的分子离子峰。化学电离是获得分子量信息的重要手段。

（2）质量分析器。

质量分析器的作用是将电离室中生成的离子按质荷比（m/z）大小分开，进行质谱检测。常见的质量分析器有四级杆质量分析器、扇形质量分析器、双聚焦质量分析器和离子阱质量分析器四种。

1）四极杆质量分析器。

在气质联用仪中，应用最多的是四极杆质量分析器。它由四根平行圆柱形电极组成，电极分为两组，分别加上直流电压和一定频率的交流电压。样品离子沿电极间轴向进入电场后，在极性相反的电极间振荡，只有质荷比在某个范围的离子才能通过四极杆，到达检测器，其余离子因振幅过大与电极碰撞，放电中和后被抽走。因此，改变电压或频率，可使不同质荷比的离子依次到达检测器，被分离检测。四极杆质量分析器有全扫描（Scan）和选择离子扫描（SIM）两种不同的扫描模式。Scan 模式扫描的质量范围覆盖被测化合物的分子离子和碎片离子的质量，可获得化合物的全谱，用于谱库检索定性，一般在未知化合物的定性分析时采用；SIM 模式仅跳跃式地扫描某几个选定的质量，得不到化合物的全谱，但灵敏度更高，主要用于已知目标化合物检测。

2）扇形质量分析器。

被电场加速的样品离子进入磁式扇形质量分析器的磁场后，运动轨道发生偏转，当磁分析器的磁场强度、加速电压一定时，只有某一质荷比的离子能通过狭缝到达检测器。该检测器的特点是分辨率低，对质量相同、能量不同的离子分辨较困难。

3）双聚焦质量分析器。

双聚焦质量分析器由一个静电场离子分析器和一个磁场质量分析器组成，同时具能量聚焦和方向聚焦的双聚焦功能。样品被离子化后，形成高速飞行的离子束，离子束通过离子源的狭缝，进入磁场质量分析器。磁场质量分析器首先对不同质荷比的样品离子进行分离。通过磁场质量分析器的离子继续飞行，进入静电场离子分析器，该分析器对具有相同质荷比、但不同能量的离子进行分离。最后满足条件的样品离子通过质谱仪的飞行通道，进入检测器。

4）离子阱质量分析器。

离子阱质量分析器的原理类似于四极杆分析器。离子阱可以储存离子，并通过改变电极电压，使离子向上、下两端运动，再通过底端小孔进入检测器。

（3）检测器。

检测器的作用是将离子束转变成电信号，并将信号放大输出，由数据系统采集处理，最终得到按不同质荷比排列和对应离子丰度的质谱图。常用的检测器是电子倍增器，当离子撞击到检测器时使得倍增器电极表面喷射出一些电子，被喷射出的电子由于电位差被加速射向第二个倍增器电极，并喷射出更多的电子，由此连续作用，每个电子碰撞下一个电极时能喷射出 2～3 个电子。通常电子倍增器有 14 级倍增器电极，可大大提高检测灵敏度。

4. 计算机控制系统

计算机控制系统交互控制着气相色谱仪器、接口、质谱仪以及数据采集、处理等系统，是仪器的核心控制单元。

（二）绝缘油中二苄基二硫醚（DBDS）含量的气质联用测定法

参照 GB/T 32508—2016《绝缘油中腐蚀性硫（二苄基二硫醚）定量检测方法》进行。

1. 参数设定

根据标准要求设定仪器参数。

2. 标定

（1）二苄基二硫醚（DBDS）标准溶液母液的制备。

将一定量的 DBDS 溶解在空白油中配制成 1000mg/kg 的标准溶液母液。标准溶液母液应密封保存在棕色瓶中并置于阴暗处，溶液保存期 3 个月。注意：DBDS 为固体，需要加热至 40℃充分搅拌，以保证全部溶解。

（2）二苯基二硫醚（DPDS）内标溶液母液的制备。

将一定量的 DPDS 溶解在空白油中配制成浓度为 500mg/kg 的内标溶液母液。内标溶液母液应密封保存在棕色瓶中并置于阴暗处，溶液保存期 3 个月。

（3）标准溶液的制备。

在称量好的空白油中分别加入一定量的 DBDS 标准溶液母液和 DPDS 内标溶液母液，制备所需浓度的标准溶液，称准至 0.01g，保存在棕色瓶中并置于阴暗处。

（4）标准溶液的前处理。

在 50mL 离心管中称取 20.0g 标准溶液，称准至 0.01g，再加入 5.0mL 甲醇，塞紧离心管管塞。将离心管水平放在机械振荡器上常温振荡 10min 后，在离心机中离心至甲醇和油两相完全分离，用注射器取出 1.5mL 上层清液，用针筒式滤膜过滤待用。

（5）标准曲线的绘制。

取 1μL 处理好的不同浓度的标准溶液注入气质联用仪分析，根据 DBDS 与 DPDS 内标的响应值和浓度比例建立标准曲线。

3. 试样分析

（1）在 50mL 离心管中称取 18.0g 待测样品和 2.0g 内标溶液母液，称准至 0.01g，按前述步骤进行样品前处理；

（2）取 1μL 处理好的样品注入气质联用仪进行分析。

第三章　误差基本知识及数据处理

　　分析检验中的误差是客观存在的，同一分析检验人员用同一种方法对同一个试样进行多次分析，即使技术相当熟练，仪器设备相当先进，也不可能做到每一次分析检验结果都完全相同；不同分析检验人员用同一种方法对同一试样进行分析，其分析检验结果也不尽相同。因此，在分析检验中往往需要平行测定多次，取平均值作为分析结果以使其更接近于真实值。然而，平均值同真实值之间还是存在一定的差异。因此，分析检验中的误差不可避免。

第一节　分析检验中的误差

一、真值（x_T）

　　真值即真实值，是指某一物理量本身所具有的客观存在的真实值。真值是未知的、客观存在的量，在特定情况下可近似认为是已知的。

　　1. 理论真值

　　理论真值也称绝对真值，通常指某化合物的理论组成，如纯 NaCl 中 Cl 的含量。

　　2. 计量学约定真值

　　计量学约定真值是指国际计量大会上确定的长度、质量、物质的量单位等，如 m、kg、mol 等；标准参考物质证书上给出的数值；用可靠方法经足够多次测定得到的平均值，且确认消除了系统误差。

　　3. 相对真值

　　相对真值是将认定精确度高一个数量级的测定值作为低一级测量值的真值，如标准试样的含量。

二、平均值（$\bar{x}$）

　　平均值即算术平均值，可用式（3-1）表示：

$$\bar{x} = \frac{x_1 + x_2 + \cdots + x_n}{n} \tag{3-1}$$

　　需要强调的是，n 次测量值的算术平均值虽不是真值，但它比单次测量结果更接近真值，是对真值的最佳估计，能够反映一组测定数据的集中趋势。

三、中位数（x_M）

　　中位数 x_M 是指将统计总体当中的各个值按大小顺序排列起来，形成一个数列。如果值的个数是单数，则处于数列中间位置的值就称为中位数；如果值的个数是双数，则处于数列中间位置的两个值的平均值就称为中位数。

对于一组有限个数的数据来说，这群数据里的一半数据比中位数大，而另外一半数据比中位数小。

例如一组数据 10.10、10.20、10.40、10.46、10.50 的平均值 $\overline{x}=10.33$，中位数 $x_M=10.40$。另一组数据 10.10、10.20、10.40、10.46、10.50、10.54 的平均值 $\overline{x}=10.37$，中位数 $x_M=10.43$。

但当存在异常值时，如数据 10.10、10.20、10.40、10.46、10.50、12.80 的平均值 $\overline{x}=10.74$，中位数 $x_M=10.43$。

显然，中位数的优点是能简单直观说明一组测量数据的结果，且不受两端具有过大误差数据的影响。很多情况下，用中位数表示"中心趋势"比用平均值更实际。但由于中位数计算方法不能充分利用数据，不如平均值准确。

四、准确度和误差（E）

1. 准确度

准确度是指测量值与真值之间接近的程度，可用误差来衡量，表示系统误差的大小。

2. 误差（E）

误差是指测定结果与真实值之间的差值，是客观存在且不可避免的。

（1）绝对误差（E_a）。指测量值与真值间的差值，可用式（3-2）表示

$$E_a = x - x_T \tag{3-2}$$

如果测量值大于真实值，误差则为正误值；反之，如果测量值小于真实值，那么误差为负误值。误差的绝对数值越小，测量值的准确度越好；反之，测量值的准确度越差。

（2）相对误差（E_r）。指绝对误差占真值的百分比，即

$$E_r = (x - x_T)/x_T \times 100\% = E_a/x_T \times 100\% \tag{3-3}$$

相对误差有大小、正负之分，它能反映误差在真实结果中所占的比例。因此，在绝对误差相同的条件下，真实值绝对数值越大，相对误差越小；反之，相对误差越大。

【例】 某同学用分析天平直接称量两个物体，一个为 5.000 0g，一个为 0.500 0g，试求两个物体称量的相对误差。

解：用分析天平称量时，两物体称量的绝对误差均为 0.000 1g，则两次称量的相对误差分别为：

$$E_{r,1} = \frac{\pm 0.000\,1}{5.000\,0} \times 100\% = \pm 0.002\%$$

$$E_{r,2} = \frac{\pm 0.000\,1}{0.500\,0} \times 100\% = \pm 0.02\%$$

五、精密度和偏差（d）

1. 精密度

精密度是指平行测定结果相互靠近的程度，用偏差衡量。

2. 偏差（d）

偏差是指测量值与平均值的差值，用 d 表示。

（1）绝对偏差（d）。表示某一次测量值与平均值的差异，即

$$d = x - \overline{x} \qquad \sum d_i = 0 \tag{3-4}$$

偏差的大小反映了测量精密度的好坏，即多次测定结果相互吻合的程度。偏差有正负号，如果将各单次测定的偏差相加，其和应为 0 或接近为 0。

（2）相对偏差（d_r）。指某一次测量的绝对偏差占平均值的百分比，即

$$d_r = \frac{d}{\overline{x}} \times 100\% \tag{3-5}$$

（3）平均偏差（$\overline{d}$）。指各单个偏差绝对值的平均值，即

$$\overline{d} = \frac{|d_1| + |d_2| + \cdots + |d_n|}{n} \tag{3-6}$$

（4）相对平均偏差（$\overline{d}_r$）。表示平均偏差与测量平均值的比值，即

$$\overline{d}_r = \frac{\overline{d}}{\overline{x}} \times 100\% \tag{3-7}$$

（5）标准偏差（S）可用式（3-8）表示

$$S = \sqrt{\frac{\sum_{i=1}^{n}(x_i - \overline{x})^2}{n-1}} \tag{3-8}$$

值得注意的是：

1）标准偏差 S 是表示偏差的最好方法，其数学严格性高、可靠性大，能显示出较大的偏差。测定次数在 3～20 次时，可用 S 来表示一组数据的精密度。

2）式（3-8）中 $n-1$ 称为自由度，表明 n 次测量中只有 $n-1$ 个独立变化的偏差。因为 n 个偏差之和等于零，所以只要知道 $n-1$ 个偏差就可以确定第 n 个偏差。

3）标准偏差 S 与相对平均偏差 $\overline{d}_r$ 的区别在于：标准偏差的数值等于各值绝对偏差的平方和，除自由度后再开根号，是数据统计上的需要，在表示测量数据不多的精密度时，更加准确和合理。

4）标准偏差 S 对单次测量的绝对偏差值求平方和，不仅避免单次测量偏差相加时正负抵消，而且使大偏差能更显著地反映出来，能更好地说明数据的分散程度。

【例】 有两组数据，各次测量的绝对偏差分别为：①+0.3，−0.2，−0.4，+0.2，+0.1，+0.4，0.0，−0.3，+0.2，−0.3；②0.0，+0.1，−0.7，+0.2，−0.1，−0.2，+0.5，

−0.2，+0.3，+0.1。求其标准偏差。

解：计算 S 时，若偏差 $d=0$ 时，也应算进去，不能舍去。两组数据的平均偏差均为 0.24，但明显看出第二组数据分散大。$S_1=0.28$，$S_2=0.33$。可见第一组数据精密度更好。

（6）相对标准偏差（S_r 或 RSD 或 CV）用式（3-9）所示

$$S_r = \frac{S}{\overline{x}} \times 100\% \tag{3-9}$$

六、准确度与精密度的关系

准确度与精确度之间的关系如图 3-1 所示。

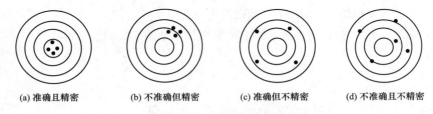

(a) 准确且精密　　(b) 不准确但精密　　(c) 准确但不精密　　(d) 不准确且不精密

图 3-1　准确度与精确度的关系

由图 3-1 可见：
（1）精密度是保证准确度的前提。
（2）精密度好，准确度不一定好，可能有系统误差存在。
（3）精密度不好的情况下，衡量准确度无意义。
（4）在确定消除了系统误差的前提下，精密度可表达准确度。
（5）准确度及精密度都高，说明结果可靠。

七、极差（R）

极差又称全距或范围误差，用来表示一组数据中的变异量数，即最大值减最小值后所得之数据，用式（3-10）表示

$$R = x_{max} - x_{min} \tag{3-10}$$

相对极差 R_r 表示极差与平均值的比值，即

$$R_r = \frac{R}{\overline{x}} \times 100\% \tag{3-11}$$

八、公差

公差指实际参数值的允许变动量是一个使用范围很广的概念。实际参数值包括机械加工中的几何参数，也包括物理、化学和电学等学科的物理量参数。

例如，在机器设计和制造中，公差是机械或机器零件实际参数值的允许变动量，如某种产品规格上下限分别为 100、60，那么它的公差就是 40；若上下限分别为 +100、−100，那么它的公

差就是200。

九、系统误差和随机误差

（一）系统误差

系统误差是由某种固定原因造成，使测定结果系统的偏高或偏低，可用校正的方法加以消除。

1. 系统误差的特点

（1）单向性。要么偏高，要么偏低，即正负、大小有一定地规律性。

（2）重复性。同一条件下，重复测定中，重复地出现。

（3）可测性。误差大小基本不变。

2. 系统误差的来源

（1）方法误差。

选择的分析测定方法不够完善，如质量分析中沉淀的溶解损失、滴定分析中终点误差等，可用其他方法校正。

（2）仪器误差。

仪器本身设计或加工的缺陷，如天平两臂不等，滴定管、容量瓶刻度不准，砝码磨损等，可通过校准减小或消除。

（3）操作误差。

分析人员操作不当造成，可通过反复实践加以改进。

（4）试剂误差。

所用试剂含有杂质造成，如去离子水不合格，试剂纯度不够（含待测组分或干扰离子），可通过空白实验消除。

（5）主观误差。

个人误差，操作人员主观因素造成，如对指示剂颜色辨别偏深或偏浅，滴定管读数不准。

（二）随机误差

随机误差是由某些不固定的偶然原因造成，使测定结果在一定范围内波动，大小、正负不定，难以找到原因，无法测量。不存在系统误差的情况下，测定次数越多，测量平均值越接近真值，一般需平行测定4～6次。

1. 随机误差的特点

（1）不确定性。

（2）不可避免性。只能减小，不能消除。每次测定结果无规律性，多次测量符合统计规律。

2. 系统误差与随机误差的比较

系统误差与随机误差的比较见表3-1。

表 3-1   系统误差与随机误差的比较

项目	系统误差	随机误差
产生原因	固定因素，有时不存在	不固定因素，总是存在
分类	方法误差、仪器与试剂误差、主观误差	环境的变化因素、主观的变化因素等
性质	具有重现性、单向性（或周期性）、可测性	服从概率统计规律、具有不可测性
影响	准确度	精密度
消除或减小的方法	校正	增加测定的次数

十、误差的传递

分析检验结果通常是经过一系列测量步骤之后获得的，其中每一步的测量误差都会反映到分析检验结果中去。研究测量误差对分析检验结果准确性的影响，就是误差传递要讨论的问题。

（一）系统误差的传递

1. 加减法

若 R 是 A、B 和 C 三个测量值相加减的结果，例如：$R = A + B - C$，以 E 表示相应各项的误差，则分析结果的误差 E_R 为

$$E_R = E_A + E_B - E_C \tag{3-12}$$

即，分析检验结果的绝对误差是各测量步骤绝对误差的代数和。

如果有关测量项有系数，例如：$R = A + mB - C$，则结果的误差 E_R 为

$$E_R = E_A + mE_B - E_C \tag{3-13}$$

2. 乘除法

若分析检验结果 R 是 A、B 和 C 三个测量值相乘除的结果，例如：$R = mA \times nB / pC$，则

$$E_R / R = \frac{E_A}{A} + \frac{E_B}{B} - \frac{E_C}{C} \tag{3-14}$$

即，分析检验结果的相对误差是各测量步骤相对误差的代数和。

3. 指数运算

若分析检验结果 R 与测量值 A 有下列关系：$R = mA^n$，则其误差传递关系式为

$$\frac{E_R}{R} = \frac{nE_A}{A} \tag{3-15}$$

即，分析检验结果的相对误差为测量步骤相对误差的指数倍。

4. 对数运算

若分析检验结果 R 与测量值 A 有下列关系：$R = m\lg A$，则其误差传递关系式为：

$$E_R = \frac{0.434 m E_A}{\overline{A}} \qquad (3\text{-}16)$$

（二）随机误差的传递

1. 加减法

若 R 是 A、B 和 C 三个测量值相加减的结果，例如：$R = mA + nB - pC$ 以 s 代表各项的标准偏差，则有

$$s_R^2 = m^2 s_A^2 + n^2 s_B^2 + p^2 s_C^2 \qquad (3\text{-}17)$$

即，分析检验结果标准偏差的平方是各测量步骤标准偏差的平方总和。

2. 乘除法

若分析检验结果 R 是 A、B 和 C 三个测量值相乘除的结果，例如：$R = mA \times nB / pC$，则其误差传递关系为

$$\frac{s_R^2}{R^2} = \frac{s_A^2}{A^2} + \frac{s_B^2}{B^2} + \frac{s_C^2}{C^2} \qquad (3\text{-}18)$$

即，分析检验结果相对标准偏差的平方是各测量步骤相对标准偏差的平方的总和。

3. 指数运算

若分析检验结果 R 与测量值 A 有下列关系：$R = mA^n$，则有

$$\frac{s_R}{R} = \frac{n s_A}{A} \qquad (3\text{-}19)$$

4. 对数运算

若分析检验结果 R 与测量值 A 有下列关系：$R = m\lg A$，则有

$$s_R = \frac{0.434 m s_A}{A} \qquad (3\text{-}20)$$

（三）极值误差

在分析化学中，通常用一种简便的方法来估计分析能出现的最大误差，即考虑在最不利的情况下，将各步骤带来的误差互相累加在一起，称为极值误差。虽然这种最不利情况出现的概率很小的，但用这种方法来粗略估计可能出现的最大误差，有实际意义。

如果 R 是 A、B 和 C 三个测量值相加减的结果，例如：$R = A + B - C$，则极值误差为

$$E_R = |E_A| + |E_B| + |E_C| \qquad (3\text{-}21)$$

如果分析检验结果 R 是 A、B 和 C 三个测量值相乘除的结果，例如：$R = AB/C$，则极值相对误差为

$$\frac{E_R}{R} = \left|\frac{E_A}{A}\right| + \left|\frac{E_B}{B}\right| + \left|\frac{E_C}{C}\right| \tag{3-22}$$

应该指出，这里讨论的是分析结果的最大可能误差，即考虑最不利的情况下，各步骤带来的误差互相累加在一起。但在实际分析检验中，个别测量误差对分析结果的影响可能是相反的，分析结果之间的误差会彼此部分抵消，这种情况在分析检验中也会经常遇到。

第二节　有效数字及运算规则

一、有效数字

有效数字是指实际能测量到的数字。在有效数字中，只有最后一位数是不确定的和可疑的。有效数字位数由仪器准确度决定，它直接影响测定的相对误差。

1. 零的作用

（1）数字前的"0"起到定位作用，不计入有效数字，数字中、后的"0"计入有效数字。如0.030 40 有效数字有 4 位，1.000 8 有效数字有 5 位，0.038 2 有效数字有 3 位，0.004 0 有效数字有 2 位。

（2）数字后的 0 含义不清楚时，会使有效位数不确定。如：3600 有效位数不确定、含糊，因为可看成是 4 位有效数字，但它也可能是 2 位或 3 位有效数字，分别写成指数形式表示为 3.600×10^3（4 位）、3.6×10^3（2 位）、3.60×10^3（3 位）；1000 这数值的有效位数不确定、含糊，当其写成指数形式表示为 1.0×10^3、1.00×10^3、1.000×10^3 时，其有效数字分别为 2 位、3 位、4 位。

2. 倍数、分数、常数

倍数、分数、常数可看成具有无限多位有效数字，如 10^3、1/3、e、π 等。

3. pH、pM、lgc、lgK 等对数值

pH、pM、lgc、lgK 等对数值的整数部分代表该数的方次，其有效数字的位数取决于小数部分（尾数）位数。如 pM＝5.00 的有效数字有 2 位，[M]＝1.0×10^{-5} 的有效数字有 2 位，pH＝10.34 的有效数字有 2 位，pH＝0.03 的有效数字有 2 位。

4. 数据的第一位数大于等于 8

数据的第一位数大于等于 8 时可多计 1 位有效数字，如 9.45×10^4、95.2%、8.65 的有效数字均有 4 位。

5. 不能因为变换单位而改变有效数字的位数

如 24.01mL 单位变换为 L 时，应记作 24.01×10^{-3}L。

6. 误差

只需保留 1～2 位。

二、确定有效数字位数的原则

有效数字的位数，直接影响测定的相对误差。在测量准确的的范围内，有效数字位数越多，

测量也越准确。但超过测量准确度范围的过多位数是没有意义的，而且是错误的。因此，确定有效数字位数时应遵循以下两条原则。

1. 根据分析仪器和分析方法的准确度正确读出和记录测定值，且只保留一位不确定数字。

2. 在计算测定结果之前，先根据运算方法（加减或乘除）确定欲保留的位数，然后按照数字修约规则对各测定值进行修约，做到先修约，后计算。

三、有效数字的修约规则

数字修约是指在进行具体的数字运算前，通过省略原数值的最后若干位的数字，调整保留的末位数字，使最后得到的值最接近原数值的过程。有效数字的修约规则可简化为"四舍六入五成双"。

1. 分析检验值中修约的那个数字等于或小于 4

当分析检验值中修约的那个数字等于或小于 4 时，将该数字舍去。如 3.148 记作 3.1。

2. 分析检验值等于或大于 6

分析检验值等于或大于 6 时，则进位。如 0.736 记作 0.74。

3. 分析检验值等于 5

当分析检验值中修约的数字等于 5 时，要看 5 前面的数字：若 5 前面的数字是奇数则进位，若是偶数则将 5 舍掉，即修约后末尾数字都成为偶数；若 5 的后面还有不为"0"的任何数，则此时无论 5 的前面是奇数还是偶数，均应进位。

例如，要求保留 3 位有效数字时，按照修约规则，9.825 0 修约后应为 9.82，9.825 01 修约后应为 9.83。

4. 一次修约

修约数字时，只允许对原测量值一次修约到所需要的位数，不能分次修约。例如 13.474 8 一次修约记作 13.47 是正确的，而 13.456 5 分次修约记作 13.456、13.46 、13.5、14 则是错误的。

四、运算规则

（一）加减法

当几个数据相加减时，它们和或差的有效数字位数，应以小数点后位数最少的数据为依据，对其他数值进行修约后再计算，因小数点后位数最少的数据的绝对误差最大。

【例】 $0.012\,1 + 25.64 + 1.057\,82$

解：各项的绝对误差分别为 $\pm 0.000\,1$、± 0.01 和 $\pm 0.000\,01$。显然，在加和的结果中，总的绝对误差值取决于 25.64，所以计算结果为 $0.012\,1 + 25.64 + 1.057\,82 = 0.01 + 25.64 + 1.06 = 26.71$。

同理有 $50.1 + 1.45 + 0.581\,2 = 52.1$。

（二）乘除法

当几个数据相乘除时，它们积或商的有效数字位数，应以有效数字位数最少的数据为依据，对其他数值进行修约后再计算，因为有效数字位数最少的数据的相对误差最大。

【例】 计算 $0.0121 \times 25.64 \times 1.05782$。

解： 各项的相对误差分别为 $\pm 0.8\%$、$\pm 0.4\%$ 和 $\pm 0.009\%$。显然，数值相乘结果的相对误差取决于 0.0121，因为它的相对误差最大，所以计算结果为 $0.0121 \times 25.64 \times 1.05782 = 0.0121 \times 25.6 \times 1.06 = 0.328$

第三节　分析检验中的数据处理

凡是测量就有误差存在，用数字表示的测量结果都具有不确定性。这就为我们提出了以下问题：如何更好地表达分析结果，使其既能显示出测量的精密度，又能表达出结果的准确度；如何对测量结果的可疑值或离群值有根据地进行取舍；如何比较不同人不同实验室间的测量结果以及用不同实验方法得到的测量结果等。

数理统计是一门研究随机现象统计规律的数学分支学科，它是建立在概率论的基础上，用这种方法来处理实验数据能更准确地表达结果，给出更多的信息，上述问题就可以用数理统计的方法加以解决。因此，分析化学中愈来愈广泛地采用统计学方法来处理各种分析数据。

一、基本概念

统计学中经常用到关于数据处理的一些基本概念如下。

1. 事件

在一定条件下的试验结果中，所发生的现象称为事件。

（1）必然事件：在每次试验结果中，一定会发生的事件。

（2）不可能事件：在每次试验结果中，一定不发生的事件。

（3）随机事件：在每次试验结果中，可能发生也可能不发生的事件。也称为偶然事件、概率事件。

2. 总体（或母体）

将所考察对象的某特性值的全体称为总体（或母体）。

3. 个体（或子体）

个体是组成总体的每个单元。

4. 样本（或子样）

自总体中随机抽取的一组测量值，称为样本（或子样）。

5. 样本容量（n）

样本中所含测量值的数目，称为样本的容量，用 n 表示。

6. 概率

概率是随机事件发生的可能性大小。设在相同条件下，进行了 n 次试验，在这 n 次试验中事件 A 出现了 k 次，事件 A 在 n 次试验中出现的频率为 k/n。其中 k 称为频数。n 越大，频率越接近概率；当 n 相当大时，频率近似于概率。

7. 随机变量

来自同一总体的无限多个测量值都是随机出现的，叫随机变量。

8. 样本平均值 ($\overline{x}$)

设样本容量为 n，单次样本为 x_i，则其平均值 $\overline{x}$ 可用式（3-23）表示

$$\overline{x} = \frac{1}{n}\sum x_i \qquad (n\text{ 为有限次测量}) \tag{3-23}$$

9. 总体平均值 μ

当测定次数无限增多时，所得样本平均值即为总体平均值 μ

$$\mu = \lim_{n\to\infty} \frac{1}{n}\sum x_i \qquad (n\text{ 为无限次测量}) \tag{3-24}$$

若没有系统误差，则总体平均值 μ 就是真值。

10. 总体平均偏差 δ

总体平均偏差 δ 也称为平均绝对偏差，代表一组数据与平均值之间的偏差大小，用式（3-25）表示

$$\delta = \frac{\sum |x_i - \mu|}{n} \qquad (n\text{ 为无限次测量}) \tag{3-25}$$

平均偏差可反映测定数据的集中趋势。因此，各测定值域与平均值之间之差也体现了精密度的高低。当测量次数为有限次数时，总体平均偏差即为样本平均偏差 $\overline{d}$。

11. 总体标准偏差 (σ)

当测量次数为无限多次时，各测量值对总体平均值 μ 的偏离，用总体标准偏差表示，见式（3-26）

$$\sigma = \sqrt{\frac{\sum\limits_{i=1}^{n}(x_i - \mu)^2}{n}} \qquad (n\text{ 为无限次测量}) \tag{3-26}$$

计算标准偏差时，要对单次测量偏差加平方。这样不仅能避免单次测量偏差相加时正负抵消，重要的是能更显著反映出大偏差，可以更好地说明数据的分散程度。

12. 样本标准偏差 S

当测量值不多，且不知道总体平均值时，用样本的标准偏差 S 可以来衡量该组数据的分散程度，用式（3-27）表示

$$S = \sqrt{\frac{\sum\limits_{i=1}^{n}(x_i - \overline{x})^2}{n-1}} \qquad (n\text{ 为有限次测量}) \tag{3-27}$$

（$n-1$）称为自由度，以 f 表示，指独立偏差的个数。

13. 相对标准偏差

单次测定结果的相对平均偏差为

$$\text{相对平均偏差} = \frac{\overline{d}}{\overline{x}} \times 100\% \tag{3-28}$$

$\overline{d}$ 为平均偏差，$\overline{x}$ 为平均值。当测定次数较多时，常使用标准偏差或相对标准偏差来表示一组平行测定值的精密度。

相对标准偏差（又叫标准偏差系数、变异系数）由标准偏差除以相应的平均值乘 100% 所得，可检验分析结果的精密度。

$$CV = \frac{S}{\overline{x}} \times 100\% \qquad (3\text{-}29)$$

14. 总体标准偏差与总体平均偏差的关系

当测定次数非常多（$n > 20$）时，$\delta = 0.797\sigma \approx 0.8\sigma$。但是当测量次数较少时，样本中 $\overline{d} \neq 0.8S$。

15. 平均值的标准偏差

统计学可证明平均值的标准偏差与单次测量结果的标准偏差存在下列关系

$$\sigma_{\overline{x}} = \frac{\sigma}{\sqrt{n}}, \ \delta_{\overline{x}} = \frac{\sigma}{\sqrt{n}} \qquad \text{（无限次测量）} \qquad (3\text{-}30)$$

$$s_{\overline{x}} = \frac{s}{\sqrt{n}}, \ \overline{d_{\overline{x}}} = \frac{\overline{d}}{\sqrt{n}} \qquad \text{（有限次测量）} \qquad (3\text{-}31)$$

增加测定次数，可使平均值的标准偏差减少，但测定次数增加到一定程度时，这种减少作用不明显。在实际工作中，一般平行测定 3～4 次即可，当要求较高时，可适当增加平行测量次数。当测定次数超过 10 次时，样本平均值的标准偏差改变就很小了。一般来说，用标准偏差比用平均偏差更科学、更准确。

【例】 有两组数据分别为

（1）0.11，−0.73，0.24，0.51，−0.14，0.00，0.30，−0.21。

（2）0.18，0.26，−0.25，−0.37，0.32，−0.28，0.31，−0.27。

两组数据的样本容量 n、绝对偏差 d、样本标准偏差 S 分别为 $n_1 = 8$，$d_1 = 0.28$，$S_1 = 0.38$；$n_2 = 8$，$d_2 = 0.28$，$S_2 = 0.29$。

虽然 $d_1 = d_2$，但 $S_1 > S_2$，显然，第二组数据更准确。

二、随机误差的正态分布

随机误差是由一些偶然因素造成的误差，其大小和正负具有随机性，但用统计学的方法进行处理，就会发现其服从一定的统计规律。

（一）频率分布

有一矿石试样，在相同条件下用吸光光度法测定其中镍的质量分数，共有 90 个测量值，见表 3-2。以此组测量数据为例，分析分布规律。

表 3-2　　　　某样品中镍的质量分数测定值，$n = 90$　　　　（单位：%）

测量次数	1	2	3	4	5	6	7	8	9	10
测量结果	1.6	1.67	1.67	1.64	1.58	1.64	1.67	1.62	1.57	1.6

测量次数	11	12	13	14	15	16	17	18	19	20
测量结果	1.59	1.64	1.74	1.65	1.64	1.61	1.65	1.69	1.64	1.63
测量次数	21	22	23	24	25	26	27	28	29	30
测量结果	1.65	1.7	1.63	1.62	1.7	1.65	1.68	1.66	1.69	1.7
测量次数	31	32	33	34	35	36	37	38	39	40
测量结果	1.7	1.63	1.67	1.7	1.7	1.63	1.57	1.59	1.62	1.6
测量次数	41	42	43	44	45	46	47	48	49	50
测量结果	1.53	1.56	1.58	1.6	1.58	1.59	1.61	1.62	1.55	1.52
测量次数	51	52	53	54	55	56	57	58	59	60
测量结果	1.49	1.56	1.57	1.61	1.61	1.61	1.5	1.53	1.53	1.59
测量次数	61	62	63	64	65	66	67	68	69	70
测量结果	1.66	1.63	1.54	1.66	1.64	1.64	1.64	1.62	1.62	1.65
测量次数	71	72	73	74	75	76	77	78	79	80
测量结果	1.6	1.63	1.62	1.61	1.65	1.61	1.64	1.63	1.54	1.61
测量次数	81	82	83	84	85	86	87	88	89	90
测量结果	1.6	1.64	1.65	1.59	1.58	1.59	1.6	1.67	1.68	1.69

（1）将表 3-2 中 n 个数据从小到大依次排列。

（2）计算极差 R。$R = x_{最大} - x_{最小}$，$R = 1.74\% - 1.49\% = 0.25\%$

（3）确定组数和组距。组数视测定次数 n 而定，组数必须是整数。$n = 90$ 时，组数为 9 组。

$$组距 = \frac{极差}{组数} = \frac{0.25\%}{9} = 0.03\%$$

各组的界限位可以从第一组开始依次计算：第一组的下界为最小值减去最小测定单位的 1/2 且多保留一位小数，第一组的上界为其下界值加上组距；第二组的下界限位为第一组的上界限值，上界限位为第二组的下界限值加上组距，依此类推。本例中的最小数为 1.49，最小测定单位为 0.01，则组数第一组的下界为 $1.49 - 0.01/2 = 1.485\%$；上界为 $1.485\% + 0.03\% = 1.515\%$。依此类推，各组的组序、界限、频数和概率密度统计见表 3-3。

表 3-3 各组的组序、界限、频数和概率密度统计

组序	界限（%）	频数	概率密度（相对频数）
1	1.485～1.515	2	0.022
2	1.515～1.545	6	0.067
3	1.545～1.575	6	0.067
4	1.575～1.605	17	0.189
5	1.605～1.635	22	0.244
6	1.635～1.665	20	0.222
7	1.665～1.695	10	0.111
8	1.695～1.725	6	0.067
9	1.725～1.755	1	0.011
Σ		90	1.00

（4）统计频数。频数是指落在某组内的数据个数。$\sum$ 频数 $= n$。

（5）计算概率密度（频率）。概率密度 $=$ 频数$/n$，$\sum$ 概率密度 $= 1$。

所以，以各组分区间为横坐标、概率密度为纵坐标作图就可得到频率分布直方图，如图 3-2 所示。

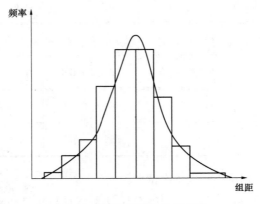

图 3-2 相对频数分布直方图

图中长方条的面积＝频率×组距，它表示了测定值出现在该区间的概率。因有偶然误差存在，故分析结果有高有低，有两头小、中间大的变化趋势，即在平均值附近的数据出现机会最多。

（6）频率分布直方图的特点：

1）离散特性：各数据是分散的，波动的，即测定值在平均值周围波动。波动的程度用总体标准偏差表示。

2）集中趋势：有向平均值集中的趋势，这种趋势用总体平均值表示。在确认消除了系统误

差的前提下，总体平均值就是真值。

（二）随机误差的正态分布（无限次测量）

如果测量数据非常多，组分得非常细，频率分布直方图的形状将逐渐趋于一条平滑的曲线。在分析化学中，测量数据一般符合正态分布规律，也是通常所说的高斯分布。

1. 正态分布曲线

如果以 x（随机误差）为横坐标，以 y（概率密度函数）为纵坐标，y 曲线最高点横坐标为 0，即可得到随机误差的正态分布曲线，其数学表达式为

$$y = f(x) = \frac{1}{\sigma\sqrt{2\pi}} e^{-\frac{(x-\mu)^2}{2\sigma^2}} \tag{3-32}$$

记为 $N(\mu, \sigma^2)$

式中　y——概率密度；

　　　x——测量值；

$x - \mu$——随机误差 μ 表示总体平均值；

　　　σ——标准偏差。

$x - \mu$ 反映测量值分布的集中趋势，决定曲线在 x 轴的位置。而 σ 反映测量值分布的分散程度，决定曲线的形状：曲线高、陡峭，精密度好；曲线低、平坦，精密度差。两组精密度不同的测量值的正态分布曲线如图 3-3 所示。

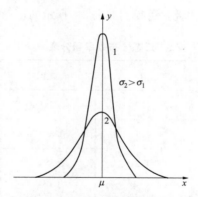

图 3-3　两组精密度不同的测量值的正态分布曲线

由式（3-32）和图 3-3 的正态分布曲线可见：

（1）$x = \mu$ 时，y 值最大，体现了测量值的集中趋势。$x = \mu$ 时的概率密度为 $y_{x=\mu} = \frac{1}{\sigma\sqrt{2\pi}}$。大多数测量值集中在算术平均值的附近，算术平均值是最可信赖值，能很好反映测量值的集中趋势。μ 反映测量值分布集中趋势。

（2）曲线以 $x = \mu$ 这一直线为其对称轴，说明正误差和负误差出现的概率相等。

（3）当 x 趋于 $-\infty$ 或 $+\infty$ 时，曲线以 x 轴为渐近线。即小误差出现概率大，大误差出现概率小，出现很大误差概率极小，趋于零。

（4）σ 越大，测量值落在 μ 附近的概率越小。即精密度越差时，测量值的分布就越分散，正

态分布曲线也就越平坦。反之，σ 越小，测量值的分散程度就越小，正态分布曲线也就越尖锐。σ 反映测量值分布分散程度。

2. 标准正态分布曲线

令 $u = \dfrac{x - \mu}{\sigma}$ ，则

$$y = f(x) = \frac{1}{\sigma\sqrt{2\pi}} e^{-\frac{u^2}{2}} \Rightarrow y = \Phi(u) = \frac{1}{\sqrt{2\pi}} e^{-\frac{u^2}{2}} \tag{3-33}$$

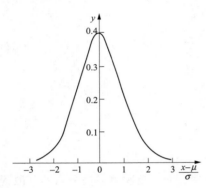

图 3-4　标准正态分布曲线

标准正态分布又称为 μ 分布，是以 0 为均数，以 1 为标准差的正态分布，记为 N（0，1）

此时，以 u 为横坐标，以概率密度为纵坐标，得到的曲线形状与 σ 大小无关，即不同 σ 的曲线合为一条，如图 3-4 所示。这条曲线称为标准正态分布曲线。

（三）随机误差的区间概率

正态分布曲线与横坐标 $-\infty$ 到 $+\infty$ 之间所夹的面积，代表所有数据出现概率的总和，其值应为 1，即 $P(-\infty, +\infty) = \dfrac{1}{\sqrt{2\pi}} \int_{-\infty}^{+\infty} e^{-\frac{u^2}{2\sigma^2}} \mathrm{d}x = 1$。若要求出变量在某区间出现的概率，则 $P(a, b) = \dfrac{1}{\sqrt{2\pi}} \int_a^b e^{-\frac{u^2}{2\sigma^2}} \mathrm{d}x$。由此，可得到如表 3-4 所示的正态分布概率积分表。

表 3-4　　　　　　　　　　　正态分布概率积分表

$\lvert u \rvert$	面积	$\lvert u \rvert$	面积	$\lvert u \rvert$	面积
0.0	0.000 0	1.0	0.341 3	2.0	0.477 3
0.1	0.039 8	1.1	0.364 3	2.1	0.482 1
0.2	0.079 3	1.2	0.384 9	2.2	0.486 1
0.3	0.117 9	1.3	0.403 2	2.3	0.489 3
0.4	0.155 4	1.4	0.419 2	2.4	0.491 8
0.5	0.191 5	1.5	0.433 2	2.5	0.493 8
0.6	0.225 8	1.6	0.445 2	2.6	0.495 3
0.7	0.258 0	1.7	0.455 4	2.7	0.496 5
0.8	0.288 1	1.8	0.464 1	2.8	0.497 4
0.9	0.351 9	1.9	0.471 3	2.9	0.498 7

表 3-4 中列出的是单侧概率，若求 $\pm u$ 间的概率，需将表 3-4 中的值乘以 2，见表 3-5 及图 3-5。

表 3-5　　　　　　　　　　　　　　　　±u 出现的概率表

随机误差出现的区间	测量值出现的区间	概　率
$u=\pm 1.0$	$x=\mu\pm 1\sigma$	0.341 3×2=68.3%
$u=\pm 1.96$	$x=\mu\pm 1.96\sigma$	95.0%
$u=\pm 2.0$	$x=\pm 2\sigma$	0.477 3×2=95.5%
$u=\pm 2.58$	$x=\mu\pm 2.58\sigma$	99.0%
$u=\pm 3$	$x=\pm 3\sigma$	0.498 7×2=99.74%

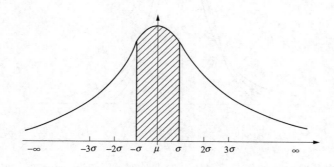

图 3-5　正态分布概率积分图

由此可见，在一组测量值中，随机误差超过 $\pm 1\sigma$ 的测量值出现的概率为 $1-68.3\%=31.7\%$；随机误差超过 $\pm 2\sigma$ 的测量值出现的概率为 $1-95.0\%=5\%$；随机误差超过 $\pm 3\sigma$ 的测量值出现的概率很小，仅为 0.3%。在实际工作中，如果重复测量时个别数据误差的绝对值大于 3σ，则这个测量值可舍去。

【例】　已知某试样中 Fe 的标准值为 3.78%，$\sigma=0.10\%$，又已知测量时没有系统误差，求①分析结果落在 (3.78±0.20)% 范围内的概率；②分析结果大于 4.0% 的概率。

解：(1) $|u|=\dfrac{|x-\mu|}{\sigma}=\dfrac{0.20}{0.10}=2.0$，查表，求得概率为 $2\times 0.477\,3=0.954\,6=95.46\%$

(2) 分析结果大于 4.0% 的概率，$|u|=\dfrac{|x-\mu|}{\sigma}=\dfrac{4.00-3.78}{0.10}=2.2$，查表求得分析结果落在 3.78%～4.00% 以内的概率为 0.486 1，那么分析结果大于 4.0% 的概率为 $0.500\,0-0.486\,1=1.39\%$。

第四节　少量数据的统计处理

一、t 分布曲线

正态分布是无限次测量数据的分布规律，而有限次测量中随机误差则服从 t 分布。t 定义为

$$t = \frac{\overline{x} - \mu}{S_{\overline{x}}} = \frac{\overline{x} - \mu}{S}\sqrt{n} \qquad\qquad (3\text{-}34)$$

曲线纵坐标仍为概率密度，横坐标则为统计量 t，如图 3-6 所示。

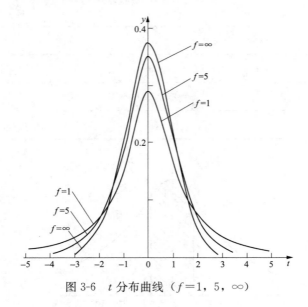

图 3-6 t 分布曲线（$f=1$，5，∞）

t 分布曲线与正态分布曲线相似，只是 t 分布曲线随自由度 f 而改变。当 f 趋近 ∞ 时，t 分布就趋近正态分布。与正态分布曲线一样，t 分布曲线下面一定区域内的积分面积，就是该区域内随机误差出现的概率。

（一）正态分布与 t 分布的区别

（1）正态分布是描述无限次测量数据的分布规律；t 分布是描述有限次测量数据的分布规律。

（2）正态分布的横坐标为 u，t 分布的横坐标为 t。

（3）两者所包含面积均是一定范围内测量值出现的概率 P，区别在于：

1）正态分布中 P 随 u 变化，u 一定时 P 一定；

2）t 分布中 P 随 t 和 f 变化，t 一定时概率 P 与 f 有关。

（二）置信度

置信度 P 表示在某一 t 值时，测定值落在（$\mu + tS$）范围内的概率，说明估计的把握程度。当 f 趋近 ∞ 时，t 即为 u。

（三）显著性水平

显著性水平 $1-P$ 表示在某一 t 值时，测定值落在（$\mu + tS$）范围之外的概率，用 α 表示。t 值与置信度及自由度有关，一般表示为 $t_{\alpha,f}$，其值见表 3-6（双边）。

例如，$t_{0.05,10} = 2.23$ 表示置信度为 95%，自由度为 10 时的 t 值为 2.23；$t_{0.01,5} = 4.03$ 表示

置信度为 99%，自由度为 5 时的 t 值为 4.03。

理论上，只有当 $f=\infty$ 时，各置信度对应的 t 值才与相应的 u 值一致，但从表 3-6 中可以看出，当 $f=20$ 时，t 值与 u 值已十分接近了。

表 3-6 $\quad\quad\quad\quad\quad\quad\quad\quad\quad\quad$ $t_{\alpha,f}$值表（双边）

f	置信度，显著性水准		
	$P=0.90$ $\alpha=0.10$	$P=0.95$ $\alpha=0.05$	$P=0.99$ $\alpha=0.01$
1	6.31	12.71	63.66
2	2.92	4.30	9.92
3	2.35	3.18	5.84
4	2.13	2.78	4.60
5	2.02	2.57	4.03
6	1.94	2.45	3.71
7	1.90	2.36	3.50
8	1.86	2.31	3.36
9	1.83	2.26	3.25
10	1.81	2.23	3.17
20	1.72	2.09	2.84
∞	1.64	1.96	2.58

二、平均值的置信区间

平均值的置信区间是一定置信度（概率）下，以平均值为中心，能够包含真值的区间（范围），反映估计的精密度。置信度越高，置信区间越大，平均值的置信区间可用式（3-35）表示

$$\mu=\overline{x}\pm t\frac{S}{\sqrt{n}} \tag{3-35}$$

1. 由单次测量结果估计 μ 的置信区间表示为

$$\mu=x\pm u\sigma \tag{3-36}$$

2. 由多次测量的样本平均值估计 μ 的置信区间表示为

$$\mu=\overline{x}\pm u\cdot\sigma_{\overline{x}}=\overline{x}\pm u\cdot\frac{\sigma}{\sqrt{n}} \tag{3-37}$$

3. 由少量测定结果均值估计 μ 的置信区间表示为

$$\mu = \overline{x} \pm t \cdot S_{\overline{x}} = \overline{x} \pm t \cdot \frac{S}{\sqrt{n}} \qquad (3\text{-}38)$$

在一定置信度下，以平均值为中心，包括总体平均值的范围，就叫平均值的置信区间。

从表 3-6 可见，只要选定置信度 P，根据 P（或 α）与 f 即可从表 3-6 中查出 t 值，从测定的 $\overline{x}$、S、n 值就可以求出相应的置信区间。置信度越高，置信区间就越大，所估计的区间包括真值的可能性也就越大。在分析化学中，一般将置信度定在 95％或 90％。

【例】 分析某固体废物中铁含量得如下结果：$\overline{x}=15.78\%$、$S=0.03\%$、$n=4$，求：①置信度为 95％时平均值的置信区间；（2）置信度为 99％时平均值的置信区间。

解：置信度为 95％，查表 3-6 得 $t_{0.05,3}=3.18$，那么 $\mu=\overline{x}\pm t\dfrac{S}{\sqrt{n}}=15.78\pm3.18\times\dfrac{0.03}{\sqrt{4}}=15.78\pm0.05\%$。

置信度为 99％，查表 3-6 得 $t_{0.05,3}=5.84$，那么 $\mu=\overline{x}\pm t\dfrac{S}{\sqrt{n}}=15.78\pm5.84\times\dfrac{0.03}{\sqrt{4}}=15.78\pm0.09\%$。

从该例可以看出，置信度越高，置信区间越大。

对上例的结果，有两种理解：

（1）正确的理解是：在 15.78±0.05％的区间内，包括总体平均值的的概率为 95％。

（2）错误的理解是：

1）未来测定的实验平均值有 95％落入 15.78±0.05％区间内；

2）真值落在 15.78±0.05％区间内的概率为 95％。

错误的理解，是因为 μ 是客观存在的，没有随机性，因此不能说它落在某一区间的概率是多少。

第五节　显著性检验

在分析检验中，对标准试样或纯物质进行测定时，所得到的平均值与标准值如何比较？不同分析人员、不同实验室和采用不同分析方法对同一试样进行分析时，两组分析结果的平均值之间如何比较？测量都有误差存在，数据之间存在差异是毫无疑问的。这种差异是由随机误差引起的，还是系统误差引起的？以上问题在统计学中属于"假设检验"问题。如果分析结果之间存在"显著性差异"，就认为它们之间有明显的系统误差；否则就认为没有系统误差，是由随机误差引起的，属于正常情况。

显著性检验是利用统计学的方法，检验被处理的问题是否存在统计上的显著性差异。即，确定某种方法是否可用，是否存在明显的系统误差，是否仅有偶然误差，从而判断实验室测定结果准确性。检验方法有 t 检验法和 F 检验法。

一、t 检验法——系统误差的检测

1. 平均值与标准值的比较

为了检查分析数据是否存在较大的系统误差，可对标准试样进行若干次分析，再利用 t 检验

法比较分析结果的平均值与标准试样的标准值之间是否存在显著性差异。进行 t 检验时，首先计算出 t 值 $t=\dfrac{|\overline{x}-\mu|}{S}\sqrt{n}$。查表 3-6，若 $t>t_{\alpha,f}$，则认为存在显著性差异，存在系统误差，被检验方法需要改进。否则，认为不存在显著性差异，被检验方法可以采用。通常以 95% 的置信度为检验标准，即显著性水准为 5%。

【例】　采用某种新方法测定基准明矾中铝的质量分数，得到下列 9 个分析结果：10.74%、10.77%、10.77%、10.77%、10.81%、10.82%、10.73%、10.86%、10.81%。已知明矾中铝含量的标准值（以理论值为准）为 10.77%。试问采用该新方法后，是否引起系统误差（置信度 95%）？

解： $n=9$，$f=9-1=8$

$$\overline{x}=10.79\%，\quad S=0.042\%$$

$$t=\frac{|\overline{x}-\mu|}{S}\sqrt{n}=\frac{|10.79\%-10.77\%|}{0.042\%}\sqrt{9}=1.43$$

查表 3-6，$P=0.95$，$f=8$ 时，$t_{0.05,8}=2.31$。$t<t_{0.05,8}$，故 x 与 μ 之间不存在显著性差异，即采用新方法后，没有引起明显的系统误差。

2. 两组平均值的比较

分别用新方法和经典方法（标准方法）测定的两组数据、两个分析人员测定的两组数据或两个实验室测定的两组数据，所得到的平均值经常是不完全相等的。要判断这两个平均值之间是否存在显著性差异，也可采用 t 检验法。

设两组分析数据为：n_1、S_1、x_1，n_2、S_2、x_2。

S_1 和 S_2 分别表示第一组和第二组分析数据的精密度，可用式（3-39）求得合并标准偏差 S

$$S=\sqrt{\frac{S_1^2(n_1-1)+S_2^2(n_2-2)}{n_1+n_2-2}}\quad\text{或}\quad S=\sqrt{\frac{\sum(x_{1i}-\overline{x}_1)^2+\sum(x_{2i}-\overline{x}_2)^2}{(n_1-1)+(n_2-1)}} \tag{3-39}$$

然后按式（3-40）计算出 t 值

$$t=\frac{|\overline{x}_1-\overline{x}_2|}{S}\sqrt{\frac{n_1n_2}{n_1+n_2}} \tag{3-40}$$

在一定置信度时，查表 3-6（总自由度 $f=n_1+n_2-2$）：若 $t>t_{\alpha,f}$，则两组平均值存在显著性差异；若 $t<t_{\alpha,f}$，则不存在显著性差异。如已证明他们之间没有显著性差异，则可认为 $S_1\approx S_2$。

二、F 检验法

F 检验法即方差检验法（两组数据间偶然误差的检测），是比较两组数据的方差 S^2，以确定它们的精密度是否有显著性差异的方法。统计量 F 定义为两组数据的方差的比值，即

$$F=\frac{S_{大}^2}{S_{小}^2} \tag{3-41}$$

若两组数据的精密度相差不大，则 F 值趋近于 1；若两者之间存在显著性差异，F 值就较大。在一定的置信度 P（如 95%）及 f 时，如果 $F_{计算} > F_{表}$，存在显著性差异；否则，不存在显著性差异。表 3-7 中列出置信度 95% 时的 F 值（单边）。

表 3-7 　　　　　　　　　　　　　　**置信度 95% 时 F 值（单边）**

$f_{小}$ ＼ $f_{大}$	2	3	4	5	6	7	8	9	10	∞
2	19.00	19.16	19.25	19.30	19.33	19.36	19.37	19.38	19.39	19.50
3	9.55	9.28	9.12	9.01	8.94	8.88	8.84	8.81	8.78	8.53
4	6.94	6.59	6.39	6.26	6.16	6.09	6.04	6.00	5.96	5.63
5	5.79	5.41	5.19	5.05	4.95	4.88	4.82	4.78	4.74	4.36
6	5.14	4.76	4.53	4.39	4.28	4.21	4.15	4.10	4.06	3.67
7	4.74	4.35	4.12	3.97	3.87	3.79	3.73	3.68	3.63	3.23
8	4.46	4.07	3.84	3.69	3.58	3.50	3.44	3.39	3.34	2.93
9	4.26	3.86	3.63	3.48	3.37	3.29	3.23	3.18	3.13	2.71
10	4.10	3.71	3.48	3.33	3.22	3.14	3.07	3.02	2.97	2.54
∞	3.00	2.60	2.37	2.21	2.10	2.01	1.94	1.88	1.83	1.00

注　1. $f_{大}$：大方差数据的自由度；

　　　2. $f_{小}$：小方差数据的自由度。

表 3-7 所列 F 值用于单侧检验，即检验某组数据的精密度是否大于或等于另外一组数据的精密度，此时置信度为 95%（显著性水平为 0.05）。判断两组数据的精密度是否有显著性差异时，一组数据的精密度可能大于、等于或小于另一组数据的精密度，显著性水平为单侧检验时的两倍，即 0.10，此时的置信 $P = 1 - 0.10 = 0.90$（90%）。

【例】　用两种方法测定合金中铝的质量分数，所得结果如下：

第一种方法测得值 1.26%、1.25%、1.22%；第二种方法测得值 1.35%、1.31%、1.33%、1.34%。试问两种方法之间是否有显著性差异（置信度为 90%）。

解：$n_1 = 3$，$x_1 = 1.24\%$，$S_1 = 0.021\%$；$n_2 = 4$，$x_2 = 1.33\%$，$S_2 = 0.017\%$。

$$F = \frac{S_{大}^2}{S_{小}^2} = \frac{(0.021)^2}{(0.017)^2} = 1.53$$

查表 3-7，$f_{大} = 2$，$f_{小} = 3$，$F_{表} = 9.55$。

$F < F_{表}$，说明两组数据的标准偏差没有显著性差异。

$$S = \sqrt{\frac{\sum(x_{1_i} - \overline{x_1})^2 + \sum(x_{2_i} - \overline{x_2})^2}{(n_1 - 1) + (n_2 - 1)}} = 0.019$$

$$t = \frac{|\overline{x_1} - \overline{x_2}|}{S}\sqrt{\frac{n_1 n_2}{n_1 + n_2}} = \frac{|1.24 - 1.33|}{0.019}\sqrt{\frac{3 \times 4}{3 + 4}} = 6.21$$

查表 3-6，当 $P = 0.90$，$f = n_1 + n_2 - 2 = 5$ 时，$t_{0.10,5} = 2.02$。$t > t_{0.10,5}$，故两种分析方法之间存在显著性差异。

【例】 一碱灰试样，用两种方法测得其中 Na_2CO_3，结果如下：方法 1 得 $\overline{x_1} = 42.34$，$S_1 = 0.10$，$n_1 = 5$；方法 2 得 $\overline{x_2} = 42.44$，$S_2 = 0.12$，$n_2 = 4$。

解： 先用 F 检验 S_1 与 S_2 有无显著差异

$$F = \frac{S_{大}^2}{S_{小}^2} = \frac{(0.12)^2}{(0.10)^2} = 1.44$$

查表 3-7 得 $F_{表} = 6.59$，因 $F < F_{表}$，因此 S_1 与 S_2 无显著差异。

用 t 检验法检验 $\overline{x_1}$ 与 $\overline{x_2}$

$$t = \frac{|\overline{x_1} - \overline{x_2}|}{S}\sqrt{\frac{n_1 n_2}{n_1 + n_2}} \text{（认为 } S = S_{小} = S_1\text{）} = \frac{|42.34 - 42.44|}{0.10}\sqrt{\frac{5 \times 4}{5 + 4}} = 1.49$$

查表 3-6，$f = 5 + 4 - 2 = 7$，$P = 95\%$，得 $t_{表} = 2.36$，则 $t_{计算} < t_{表}$。因此，两种分析方法无显著差异。

第六节　异常值的取舍

在实验中，当对同一试样进行多次平行测定时，常常发现某一组测量值中往往会有个别数据与其他数据相差较大，这一数据称为异常值、可疑值或极端值，也称离群值。如果确定这一结果是由于过失造成的，则这一数据必须舍去。否则，异常值不能随意取舍或保留，特别是测量数据较少时。对于不是因过失造成的异常值，应按统计学方法进行处理，主要的方法有 $4\overline{d}$ 法、格鲁布斯（Grubbs）法和 Q 检验法。

一、$4\overline{d}$ 法

1. 依据

根据正态分布规律，偏差超过 3σ 的个别测定值的概率小于 0.3%，故这一测量值通常可以舍去。而 $\delta = 0.80\sigma$，$3\sigma \approx 4\delta$，即偏差超过 4δ 的个别测定值可以舍去。对于少量数据，只能用 S 代替 σ，用 $\overline{d}$ 代替 δ，因此可以粗略地认为，偏差大于 $4\overline{d}$ 的个别测定值可以舍去。这种处理方法简单，不必查表，但存在较大误差。当 $4\overline{d}$ 法与其他检验法矛盾时，应以其他法则为准。

2. 用 $4\overline{d}$ 法判断异常值取舍的步骤

（1）求出除异常值（Q_u）以外数据的平均值 $\overline{x}$ 和平均偏差 $\overline{d}$。

（2）将异常值与平均值进行比较，如绝对差值大于 $4\overline{d}$，则将可疑值舍去，否则应将其保留。

二、格鲁布斯（Grubbs）法

格鲁布斯法的判断步骤为：

（1）将一组数据由小到大按顺序排列 x_1，x_2，$\cdots$，x_n，其中 x_1 或 x_n 可能是异常值；

（2）求出平均值 $\overline{x}$ 与标准偏差 S；

（3）求统计量 T

$$T = \frac{\overline{x} - x_1}{S} \ (x_1 \text{ 为可疑值}), \quad T = \frac{x_n - \overline{x}}{S} \qquad (x_n \text{ 为可疑值}) \tag{3-42}$$

（4）将 T 与表 3-8 值 $T_{a,n}$ 比较，若 $T > T_{a,n}$，异常值应舍去，否则保留。

表 3-8 $T_{a,n}$ 值表

n	显著性水准 α		
	0.05	0.025	0.01
3	1.15	1.15	1.15
4	1.46	1.48	1.49
5	1.67	1.71	1.75
6	1.82	1.89	1.94
7	1.94	2.02	2.10
8	2.03	2.13	2.22
9	2.11	2.21	2.32
10	2.18	2.29	2.41
11	2.23	2.36	2.48
12	2.29	2.41	32.55
13	2.33	2.46	2.61
14	2.37	2.51	2.63
15	2.41	2.55	2.71
20	2.56	2.71	2.88

格鲁布斯法最大的优点是在判断异常值的过程中引入了正态分布中的两个最重要的样本参数平均值 $\overline{x}$ 和标准偏差 S，故方法的准确性较好。这种方法的缺点是需要计算 $\overline{x}$ 和 S，较麻烦。

三、Q 检验法

Q 检验法的判断步骤为：

（1）将一组数据由小到大按顺序排列 x_1，x_2，…，x_n，其中 x_1 或 x_n 可能是异常值。

（2）计算统计量 Q

$$Q_{计算} = \frac{\left| x_{可疑} - x_{邻近} \right|}{x_{max} - x_{min}} \tag{3-43}$$

$$Q = \frac{x_n - x_{n-1}}{x_n - x_1}（x_n \text{ 为可疑值时}），\quad Q = \frac{x_2 - x_1}{x_n - x_1} \quad（x_1 \text{ 为可疑值时}）$$

（3）比较 Q 和表 3-9 所示的 $Q_表$（$Q_{P,n}$）。若 $Q > Q_表$，说明该数据由过失误差造成，应舍去。Q 值越大，说明 x_n 离群越远，Q 称为"舍弃商"。若 $Q < Q_表$，说明该数据由偶然误差所致，应保留。

表 3-9 Q 值表

测定次数，n		3	4	5	6	7	8	9	10
置信度	90%（$Q_{0.90}$）	0.94	0.76	0.64	0.56	0.51	0.47	0.44	0.41
	96%（$Q_{0.96}$）	0.98	0.85	0.73	0.64	0.59	0.54	0.51	0.48
	99%（$Q_{0.99}$）	0.99	0.93	0.82	0.74	0.68	0.63	0.60	0.57

异常值的取舍是一项十分重要的工作。在实验过程中得到一组数据后，如果不能确定个别异常值是否由"过失"引起，我们就不能轻易去除这个数据，而是要用上述统计检验方法进行分析判断后，才能进行取舍。在这一步工作完成后，我们就可以开始进行该组数据相关的数理统计工作。

不同的检验方法有不同的作用，t 检验法是为了检验方法的系统误差，F 检验法是为了检验方法的偶然误差，$4\bar{d}$、G 检验法或 Q 检验法是为了判断可疑值的取舍。检验顺序一般为先进行异常值的取舍（$4\bar{d}$、G 检验法或 Q 检验法），然后判断方法是否存在偶然误差（F 检验法），最后判断方法是否存在系统误差（t 检验法）。经过这些数理分析后，可以确定某种检测方法是否可用。

第七节　回　归　分　析　法

在分析化学中，经常使用校正曲线法来获得未知溶液的浓度。以吸光光度法为例，标准溶液的浓度 c 与吸光度 A 之间的关系，在一定范围内可以用直线方程描述，即常用的朗伯-比尔定律。但是，由于测量仪器精密度和测量条件的微小变化，即使同一浓度的溶液，两次测量结果也不会完全一致。因而，各测量点对于以朗伯-比尔定律为基础所建立的直线，往往会有一定的偏离，这就需要用数理统计方法找出对各数据点误差最小的直线，对数据进行回归分析就可以得到这一直线。

一、最小二乘法原理

在两个测定量中，往往总有一个量的精度比另一个高得多。为简单起见，把精度较高的测定量看作没有误差，并把这个测定量选作 x，而把所有的误差只认为是 y 的误差。设 x 和 y 的函数关系由以下理论公式给出

$$y = f(x; c_1, c_2, \cdots, c_m) \tag{3-44}$$

其中，$c_1, c_2, \cdots, c_m$ 是 m 个要通过实验确定的参数。对于每组观测数据 (x_i, y_i) $i=1, 2, \cdots, N$。都对应于 xy 平面上一个点。若不存在测量误差，则这些数据点都准确落在理论曲线上。只要选取 m 组测量值代入式（3-44），便得到方程组

$$y_i = f(x; c_1, c_2, \cdots, c_m) \quad (i=1, 2, \cdots, m) \tag{3-45}$$

求 m 个方程的联立解，即可得 m 个参数的数值。显然，$N<m$ 时，参数不能确定。

在 $N>m$ 的情况下，式（3-45）成为矛盾方程组，不能直接用解方程的方法求得 m 个参数值，只能用曲线拟合的方法来处理。

设测量中不存在着系统误差，或者系统误差已经修正，则 y 的观测值 y_i 围绕着期望值 $f(x; c_1, c_2, \cdots, c_m)$ 摆动，其分布为正态分布，则 y_i 的概率密度为

$$p(y_i) = \frac{1}{\sqrt{2\pi}\sigma_i} \exp\left\{-\frac{[y_i - f(x_i; c_1, c_2, \cdots, c_m)]^2}{2\sigma_i^2}\right\} \tag{3-46}$$

式中 σ_i 是分布的标准误差。为简便起见，下面用 C 代表 $(c_1, c_2, \cdots, c_m)$。考虑各次测量是相互独立的，故测定值 $(y_1, y_2, \cdots, c_N)$ 的似然函数用式（3-47）表示

$$L = \frac{1}{(\sqrt{2\pi})^N \sigma_1 \sigma_2, \cdots, \sigma_N} \exp\left\{-\frac{1}{2}\sum_{i=1}^N \frac{[y_i - f(x; C)]^2}{\sigma_i^2}\right\} \tag{3-47}$$

取似然函数 L 最大来估计参数 C，应使式（3-48）为最小值

$$\sum_{i=1}^N \frac{1}{\sigma_i^2}[y_i - f(x_i; C)]^2 \tag{3-48}$$

若 y 的分布不限于正态分布，式（3-48）称为最小二乘法准则。若为正态分布的情况，则最大似然法与最小二乘法得到的结果是一致的。因式（3-48）中的权重因子为 $1/\sigma_i^2$，故式（3-48）表明，用最小二乘法来估计参数，要求各测量值 y_i 的偏差的加权平方和为最小。

根据式（3-48）的要求，应有

$$\frac{\partial}{\partial c_k}\sum_{i=1}^N \frac{1}{\sigma_i^2}[y_i - f(x_i; C)]^2 \Big|_{c=\hat{c}} = 0 \quad (k=1,2,\cdots,m) \tag{3-49}$$

从而得到方程组

$$\sum_{i=1}^N \frac{1}{\sigma_i^2}[y_i - f(x_i; C)] \frac{\partial f(x; C)}{\partial C_k}\Big|_{c=\hat{c}} = 0 \quad (k=1,2,\cdots,m) \tag{3-50}$$

解方程组（3-50），即得 m 个参数的估计值 $\hat{c}_1, \hat{c}_2, \cdots, \hat{c}_m$，从而得到拟合的曲线方程 $f(x; \hat{c}_1, \hat{c}_2, \cdots, \hat{c}_m)$。

然而，对拟合的结果还应给予合理的评价。若 y_i 服从正态分布，可引入拟合的 x^2 量

$$x^2 = \sum_{i=1}^{N} \frac{1}{\sigma_i^2} [y_i - f(x_i ; C)]^2 \tag{3-51}$$

把参数估计 $\hat{c} = (\hat{c}_1, \hat{c}_2, \cdots, \hat{c}_m)$ 代入上式并比较式（3-48），便得到最小的 x^2 值

$$x_{min}^2 = \sum_{i=1}^{N} \frac{1}{\sigma_i^2} [y_i - f(x_i ; \hat{c})]^2 \tag{3-52}$$

可以证明，x_{min}^2 服从自由度 $v = N - m$ 的 x^2 分布，由此可对拟合结果作 x^2 检验。

由 x^2 分布得知，随机变量 x_{min}^2 的期望值为 $N - m$。如果由式（3-52）计算出 x_{min}^2 接近 $N - m$（例如 $x_{min}^2 \leqslant N - m$），则认为拟合结果是可接受的；如果 $\sqrt{x_{min}^2} - \sqrt{N - m} > 2$，则认为拟合结果与观测值有显著的矛盾。

二、一元线性回归方程

对于具有 n 个实验点 (x_i, y_i) $(i = 1, 2, 3, \cdots, n)$ 的一元线性回归方程为

$$y_i = a + b x_i + e_i \tag{3-53}$$

式中　e_i 为残差。用最小二乘法估计参数时，要求检测值 y_i 与预测值的偏差的加权平方和为最小，即残差平方和 Q 达到最小

$$Q = \sum_{i=1}^{n} (y_i - a - b x_i)^2 \tag{3-54}$$

要使 Q 达到最小，需对上式分别求 a 和 b 的偏微商，使 a 和 b 满足下列方程

$$\frac{\partial Q}{\partial b} = -2 \sum_{i=1}^{n} x_i (y_i - a - b x_i) = 0 \tag{3-55}$$

$$\frac{\partial Q}{\partial a} = -2 \sum_{i=1}^{n} (y_i - a - b x_i) = 0$$

$$i = 1, 2, 3, \cdots, n \tag{3-56}$$

上两式合并为方程组可以求得

$$a = \frac{\sum\limits_{i=1}^{n} y_i - b \sum\limits_{i=1}^{n} x_i}{n} = \overline{y} - b\overline{x} \tag{3-57}$$

$$b = \frac{\sum\limits_{i=1}^{n} (x_i - \overline{x})(y_i - \overline{y})}{\sum\limits_{i=1}^{n} (x_i - \overline{x})^2} \tag{3-58}$$

式中，$\overline{x}$ 和 $\overline{y}$ 分别为 x 和 y 的平均值，a 为直线的截矩，b 为直线的斜率，它们的值确定之后，一元线性回归方程及回归直线就定了。

【例】　用吸光光度法测定合金钢中 Mn 的含量，吸光度 A 与 Mn 的质量（μg）间有下列关系：

Mn 的质量	0	0.02	0.04	0.06	0.08	0.10	10.12	未知样
吸光度 A	0.032	0.135	0.187	0.268	0.359	0.435	0.511	0.242

试列出标准曲线的回归方程并计算未知试样中 Mn 的含量。

解：此组数据中，组分浓度为零时，吸光度不为零，这可能是在试剂中含有少量 Mn，或者含有其他在该测量波长下有吸光的物质。

设 Mn 含量值为 x，吸光度值为 y，计算回归系数 a，b 值。

$$n=7, \overline{x}=0.06, \overline{y}=0.275, \sum_{i=1}^{7}(x_i-\overline{x})(y_i-\overline{y})=0.044\,2, \sum_{i=1}^{7}(x_i-\overline{x})^2=0.011\,2$$

故

$$b=\frac{\sum_{i=1}^{7}(x_i-\overline{x})\cdot(y_i-\overline{y})}{\sum_{i=1}^{7}(x_i-\overline{x})^2}=\frac{0.044\,2}{0.011\,2}=3.95$$

$$a=\overline{y}-b\overline{x}=0.275$$

$$a=0.038, \quad b=3.95$$

标准曲线的回归方程为

$$y=0.038+3.95x$$

未知试样的吸光度为

$$y=0.242$$

$$x=\frac{0.242-0.038}{3.95}=0.052\mu g$$

可知未知试样中含 Mn 质量为 $0.052\mu g$。

三、相关系数 r

当两个变量的直线关系不够严格和数据偏离较严重时，虽然也能得到一条回归线，但实际上只有当两个变量之间存在某种线性关系时，这条回归线才有意义。判断回归线是否有意义，可以用相关系数 r 来检验。

1. 相关系数 r 的定义

相关系数 r 可用式（3-59）定义

$$r=b\sqrt{\frac{\sum_{i=1}^{n}(x_i-\overline{x})^2}{\sum_{i=1}^{n}(y_i-y)^2}}=\frac{\sum_{i=1}^{n}(x_i-\overline{x})(y_i-\overline{y})}{\sqrt{\sum_{i=1}^{n}(x_i-\overline{x})^2\sum_{i=1}^{n}(y_i-\overline{y})^2}} \tag{3-59}$$

2. 相关系数的物理意义

（1）当两个变量之间存在完全的线性关系，所有的 y 值都在回归线上时，$r=1$。

（2）当两个变量 y 与 x 之间完全不存在线性关系时，$r=0$。

（3）当 r 值在 0 至 1 之间时，表示两变量 y 与 x 之间存在相关关系。r 值愈接近 1，线性关系就愈好。以相关系数 r 判断线性关系好坏时，还应考虑测量的次数和置信水平。表 3-10 列出了不同置信水平及自由度时的相关系数 r。若计算出的相关系数大于表上相应的数值，就可以认为这种线性关系是有意义的。

表 3-10　　　　　　　　　　　　　检验相关系数 r 的临界值表

$f=n-2$		1	2	3	4	5	6	7	8	9	10
置信度	90%	0.988	0.900	0.805	0.729	0.669	0.622	0.582	0.549	0.521	0.497
	95%	0.997	0.950	0.878	0.811	0.755	0.707	0.666	0.632	0.602	0.576
	99%	0.999 8	0.990	0.959	0.917	0.875	0.834	0.798	0.765	0.735	0.708
	99.9%	0.999 99	0.999	0.991	0.974	0.951	0.925	0.898	0.872	0.847	0.823

【例】　求上例中标准曲线回归方程的相关系数 r，并判断该曲线线性关系如何（置信度 99%）？

解： 按式（3-59）计算相关系数 r，可得

$$r=b\sqrt{\dfrac{\sum\limits_{i=1}^{7}(x_i-\overline{x})^2}{\sum\limits_{i=1}^{7}(y_i-\overline{y})^2}}=3.95\sqrt{\dfrac{0.011\ 2}{0.175}}=0.999\ 3$$

查表 3-10，$r_{99\%,6}=0.834<r$，因此，该曲线具有很好的线性关系。

第八节　提高分析结果准确度的方法

在讨论了上述误差的产生及其规律后，便可掌握减小分析过程中误差的方法。

一、选择合适的分析方法

不同分析方法的准确度和灵敏度也不相同。质量分析和滴定分析灵敏度不高，但是对于高含量组分的测定，能获得比较准确的结果。仪器分析灵敏度高，但是相对误差较大。为了提高检测的准确性，可采用如下几种方法选择合适的分析方法：

（1）根据试样的中待测组分的含量选择分析方法。高含量组分用滴定分析或质量分析法；低含量用仪器分析法。

（2）充分考虑试样中共存组分对测定的干扰，采用适当的掩蔽或分离方法。

（3）对于痕量组分，若分析方法的灵敏度不能满足分析的要求，可先定量富集后再进行测定。

二、减小测量误差

为了保证分析结果的准确性，必须尽量减小测量误差。误差的减小有如下几种情况：

1. 称量

分析天平的称量误差为±0.000 2g，为了使测量时的相对误差 E_r 在 0.1% 以下，试样质量必须在 0.2g 以上。

【例】 天平一次的称量误差为 0.000 1g，两次的称量误差为 0.000 2g。为使 $E_r \leqslant 0.1\%$，计算最少称样量是多少？

解： 设最少称样量应为 m。

为满足

$$E_r = \frac{2 \times 0.000\ 1}{m} \times 100\% \leqslant 0.1\%$$

应使

$$m \geqslant 0.200\ 0g$$

2. 滴定管读数

滴定管读数常有 ±0.01mL 的误差，在一次滴定中，读数两次，可能造成 ±0.02mL 的误差。为使测量时的相对误差 E_r 小于 0.1%，消耗滴定剂的体积必须在 20mL 以上，最好在 25mL 左右，一般在 20~30mL 之间。

【例】 滴定管一次的读数误差为 0.01mL，两次的读数误差为 0.02mL。为使 $E_r \leqslant 0.1\%$，计算最少移液体积是多少？

解： 设最少移液体积为 V。

为满足

$$E_r = \frac{2 \times 0.01}{V} \times 100\% \leqslant 0.1\%$$

应使

$$V \geqslant 20mL$$

3. 微量组分的光度测量

在微量组分的光度测量中，一般允许较大的相对误差，故对于各测量步骤的准确度就不必要求像质量法和滴定法那样高。微量组分的光度测定中，可将称量的准确度提高约一个数量级，从而使称量误差可以忽略不计。

三、减小随机误差

在消除系统误差的前提下，平行测定次数愈多，平均值愈接近真值。因此，增加测定次数，可以提高平均值精密度。在化学分析中，对于同一试样，通常要求平行测定 2~4 次。

四、消除系统误差

系统误差是由某种固定的原因造成的，找出这一原因，就可以消除系统误差的来源。查找系统误差来源有对照试验、空白试验、校准仪器和分析结果校正等方法。

1. 对照试验

（1）与标准试样的标准值进行对照。

（2）与其他成熟的分析方法进行对照，可采用国家标准分析方法或公认的经典分析方法。

（3）由不同分析人员，不同实验室来进行对照试验，可采用内检法和外检法。

2. 空白试验

空白试验是指在不加待测组分的情况下，按照试样分析同样的操作手续和条件进行实验。

空白试验所测定的结果为空白值，从试样测定结果中扣除空白值，可以消除由试剂、蒸馏水、实验器皿和环境带入的杂质引起的系统误差，校正分析结果。空白值不可太大，当空白值较大时，应找出原因，加以消除。

3. 校准仪器

由仪器不准确引起的系统误差，可通过校准仪器来减小其影响。例如使用砝码、移液管和滴定管等进行测量，在精确的分析中，必须进行校准，并在计算结果时采用校正值。

4. 分析结果的校正

分析结果的校正是指校正分析过程的方法误差。例如，用质量法测定试样中高含量的 SiO_2，会因硅酸盐沉淀不完全而使测定结果偏低，此时可用光度法测定滤液中少量的硅，然后将分析结果相加。

参 考 文 献

[1] 武汉大学．分析化学．第 5 版［M］．高等教育出版社，2006.

[2] 施昌彦．实验室管理与认可［M］．中国计量出版社，2009.

[3] 蔡藩．分析化学实验［M］．上海交通大学出版社，2010.

[4] 李党生，季剑波．分析检验基础［M］．上海交通大学出版社，2009.

[5] 李静萍，赵丽，许世红．无机及分析化学［M］．兰州大学出版社，2007.

[6] 魏培海，曹国庆．仪器分析［M］．高等教育出版社，2007.

[7] 王武义．误差原理与数据处理［M］．哈尔滨工业大学出版社，2001.

[8] 杨旭武．实验误差原理与数据处理［M］．科学出版社，2009.

[9] 李庆扬，王能超，易大义．数值分析．第 4 版［M］．华中科技大学出版社，2006.